陕西长武亭南煤矿水资源论证研究

杨桂磊　刘永刚　王　健　赵乃立　著

黄河水利出版社
·郑　州·

内 容 提 要

亭南煤矿位于陕西省咸阳市长武县,属于大型井工煤矿项目。本书针对亭南煤矿及配套选煤厂的特点,通过对取水水源、取水工程、取用水合理性分析,研究其取、退水对区域水资源及其他用水户的影响,力求给出科学、客观的结论,并针对识别出的问题,提出具体的水资源保护措施和补偿措施。

本书可供水利部门从事水文研究、水资源管理、水资源论证等方面的专业技术人员、管理人员和大专院校相关专业师生参考使用。

图书在版编目(CIP)数据

陕西长武亭南煤矿水资源论证研究/杨桂磊等著
.—郑州:黄河水利出版社,2022.1
ISBN 978-7-5509-3226-5

Ⅰ.①陕… Ⅱ.①杨… Ⅲ.①地下采煤-水资源管理-研究-长武县Ⅳ.①TD823

中国版本图书馆 CIP 数据核字(2022)第 021287 号

组稿编辑:王路平　电话:0371-66022212　E-mail:hhslwlp@126.com
田丽萍　66025553　912810592@qq.com

出 版 社:黄河水利出版社　网址:www.yrcp.com
地址:河南省郑州市顺河路黄委会综合楼 14 层　邮政编码:450003
发行单位:黄河水利出版社
发行部电话:0371-66026940、66020550、66028024、66022620(传真)
E-mail:hhslcbs@126.com
承印单位:广东虎彩云印刷有限公司
开本:890 mm×1 240 mm　1/32
印张:8
字数:230 千字
版次:2022 年 1 月第 1 版　印次:2022 年 1 月第 1 次印刷

定价:70.00 元

前　言

2016年底，国家发布《全国矿产资源规划2016—2020年》，提出重点建设神东、晋北、晋中、晋西、黄陇等14个煤炭基地。彬长矿区位于陕西省咸阳市长武县与彬州市之间，是黄陇煤炭基地中的大型矿区之一，由13个矿井组成，建设总规模53.8 Mt/a。亭南煤矿是彬长矿区规划井田之一，位于矿区中部，设计规模为5 Mt/a，属于大型井工煤矿项目。

2020年10月，陕西长武亭南煤业有限责任公司委托黄河水资源保护科学研究院开展亭南煤矿及选煤厂项目的水资源论证工作。黄河水资源保护科学研究院接受委托后，在仔细研究该项目地勘、设计、环评等资料的基础上，前往亭南煤矿开展了资料收集与调研工作，并对周边的高家堡煤矿、胡家河煤矿、小庄煤矿、孟村煤矿、大佛寺煤矿进行了实地走访，对井筒施工工艺、采煤工艺、选煤工艺、矿井水处理工艺、采煤影响、矿山恢复情况等进行了深入调研，最终确定亭南煤矿水资源分析范围为长武县全境，矿井涌水水源论证范围和取水影响论证范围为亭南井田及井田边界向外延伸600 m的区域，水源井取水水源论证范围和取水影响论证范围为以水源井为圆心、影响半径为圆形的区域，退水影响论证范围为纳污水功能区——黑河长武工业、农业用水区，以及泾河彬县工业、农业用水区（黑河入泾口——彬县）。编制完成的水资源论证报告书于2015年12月通过长武县行政审批局审查。

本书为煤矿水资源论证项目案例，按照突出重点、兼顾一般的原则，重点对亭南煤矿用水合理性、矿井涌水取水水源以及矿井涌水取水影响进行分析和阐述。

（1）按照国家、陕西省以及煤炭行业各项标准、规范的相关要求，结合对周边区域其他煤矿的实际调研结果，对项目的合理用水量进行核定；根据论证项目的用水特点，针对不同用水单元的用水水质要求，提出了矿井涌水的回用方案。

(2)在分析矿井充水因素的基础上,确定矿井开采时的直接充水含水层,在收集大量实测数据的基础上,分别采用三种方法对矿井涌水量进行预测,综合比对确定合理的矿井涌水可供水量,并对矿井涌水水质保证程度、取水口位置合理性以及取水可靠性进行了分析。

(3)在分析井田水文地质条件的基础上,确定了地下水的保护目标层,选取了井田可采区的所有钻孔对开采形成的导水裂隙带发育高度进行计算,绘制了勘探线剖面裂隙高度发育示意图。根据导水裂隙带发育高度计算结果,分别分析了井田开采对地下水保护目标层、地表水以及其他用水户的影响,提出了相应的水资源保护措施。

在亭南煤矿项目水资源论证研究和本书的编写过程中,得到了陕西长武亭南煤业有限责任公司等单位的大力支持和帮助,在报告书审查时长武县行政审批局的有关专家提出了修改意见。在此对上述关心、支持本次工作的单位和领导表示衷心的感谢!同时,感谢参与本次工作的成员付出的辛勤劳动!

由于作者水平有限,书中难免存在一些不足之处,敬请广大读者批评指正。

作　者

2021 年 12 月

目　录

前　言

第 1 章　绪　论

陕西长武亭南煤业有限责任公司亭南煤矿(简称亭南煤矿)位于陕西彬长矿区中部,行政区划隶属陕西省咸阳市长武县管辖,矿井工业场地位于长武县亭口镇亭南村东侧,矿井及配套选煤厂建设规模均为 5.0 Mt/a。

2002 年 3 月,亭南煤矿项目建议书经陕西省发展计划委员会批复(陕计基础〔2002〕182 号),同意矿井初级建设规模为 45 万 t/a,后期建设规模为 120 万 t/a。2002 年 5 月,亭南煤矿可行性研究报告获得陕西省发展计划委员会批复(陕计基础〔2002〕441 号)。亭南煤矿 2006 年 10 月建成,原规模 0.45 Mt/a,建成后未生产就开展了 1.2 Mt/a 技术改造,2011 年 12 月陕西省煤炭生产安全监督管理局复核矿井生产能力为 3.0 Mt/a,2015 年再次核定矿井生产能力为 5.0 Mt/a。以 2014 年底保有地质储量 38 865.6 万 t 计,矿井剩余服务年限为 30.2 a。

1.1　工作等级与水平年

1.1.1　工作等级

从亭南煤矿取水水源、取水规模、当地水资源开发利用和取退水影响方面,对照水资源论证工作等级划分指标,确定水资源论证工作综合等级为一级,见表 1-1。以下分别进行分析。

表 1-1 水资源论证工作等级划分

分类	分类指标	分类等级			本次水资源论证工作指标	本次水资源论证工作分类等级
		一级	二级	三级		
地下水取水	开发利用程度/%	≥70	70~50	<50	长武县 60	二级
	工业取水/(万 m^3/d)	≥2.5	2.5~1	<1	约 9.7	一级
	生活取水/(万 m^3/d)	≥5	5~1	≤1	0.08	三级
	供水水文地质条件	复杂	中等	简单	复杂	一级
取水和退水影响	对水资源利用的影响	对流域或区域水资源利用产生显著影响	对第三者取用水影响显著	对第三者取用水影响轻微	对第三者取用水影响轻微	三级
	对生态的影响	现状生态问题敏感;取水对水文情势和生态水量产生明显影响;退水有水温或水体富营养化影响问题	现状生态问题较为敏感;取水可能对水文情势和生态水量产生一般影响;退水有潜在水体富营养化影响	现状无敏感生态问题;取水和退水对生态影响轻微	区域生态环境脆弱;取水和退水对生态影响轻微	一级

续表 1-1

分类	分类指标	分类等级			本次水资源论证工作指标	本次水资源论证工作分类等级
		一级	二级	三级		
取水和退水影响	对水功能区的影响	涉及一级水功能区的保护区、缓冲区或二级水功能区的饮用水水源区；涉及除饮用水水源区外其他3个及以上二级水功能区	涉及一级水功能区的保留区或跨地（市）级的二级水功能区或涉及2个二级水功能区；涉及水功能区水质管理目标为Ⅲ类的	涉及2个二级水功能区	矿井排水进入黑河长武工业、农业用水区，水功能区水质目标为Ⅲ类。下一水功能区为泾河长武工业、农业用水区	二级
	退水污染类型	含有毒有机物、重金属、放射性或持久性化学污染物；含三种以上化学污染物，或含影响水功能区水质保护目标和水域限制排污总量要求的污染物	含有两种以上可降解的一般污染物	含有一种一般可降解的污染物	矿井排水中含有化学需氧量(COD)和氨氮，是影响水功能区水质保护目标和水域限制排污总量要求的污染物	一级
	退水量（缺水地区）/(m^3/d)	≥5 000(500)	5 000~1 000 (500~100)	≤1 000(100)	正常工况下，68 383~91 929 m^3/d矿井涌水外排入黑河	一级

1.1.1.1 地下水取水论证工作等级

(1)根据《咸阳市长武县水资源开发利用规划》,长武县浅层地下水可开采量为864万m^3,2019年实际地下水利用量为519万m^3,地下水资源开发利用程度为60%,分类等级为一级。

(2)亭南煤矿生活水源部分来自地下水,部分来自经处理后的矿井涌水,总取水量为828 m^3/d,分类等级为三级;生产水源为经处理后的矿井涌水,生产日最大取用自身矿井涌水量为96 984 m^3/d,分类等级为一级。

(3)根据开采实际情况,亭南煤矿的水文地质类型为"复杂",分类等级为一级。

1.1.1.2 取水影响论证工作等级

(1)亭南井田含煤地层为侏罗系中统延安组,其上部有四个含水层,分别为第四系潜水含水层、白垩系下统洛河组砂岩孔隙-裂隙含水层、白垩系下统宜君组砾岩孔隙-裂隙含水层、侏罗系中统直罗组砂岩裂隙含水层,煤矿开采形成的冒裂带是否会贯通上述四个含水层对其造成疏干、波及以及到地表以至于对地表水系产生影响,是研究的重点;同时煤矿开采形成的塌陷和地表裂缝,对地表水产汇流条件和当地百姓取用水的影响程度,也是本研究关注的重点,故此按照一级划定工作等级。

(2)根据《陕西省生态功能区划》,亭南井田在一级分区上属黄土高原农牧生态区,在二级分区上属黄土塬梁沟壑旱作农业亚区,在三级分区上属彬长黄土残塬农业区;按照《陕西省人民政府关于划分水土流失重点防治区的公告》,区域属省级水土流失重点监督和重点治理区,生态环境敏感脆弱。

亭南井田内植被稀疏,郁闭较差,覆盖率低,仅存少量的天然次生灌木林,绝大部分为人工植被。煤炭开采后形成地表沉陷,会使地表潜水沿裂缝下渗,同时地表会出现更多的黄土移动,加速水土流失和土壤退化,不利于地表植被的生长,这种影响随着沉陷区综合整治措施实施、沉陷稳定后会基本得到恢复,综合分析后划定工作等级为一级。

1.1.1.3 退水影响论证工作等级

亭南煤矿生产废污水经处理后全部回用,现状多于回用不完的矿井涌水处理达标后排入黑河长武工业、农业用水区,该水功能区水质目标为Ⅲ类。

鉴于亭南煤矿矿井排水中含有 COD 和氨氮,是影响水功能区水质保护目标和水域限制排污总量要求的污染物,同时在正常工况下,68 383~91 929 m^3/d 矿井涌水外排黑河,据此划定退水影响论证工作等级为一级。

1.1.2 水平年

根据有关规划和收集资料情况,结合亭南煤矿建设进度计划,选取 2019 年为现状水平年。

1.2 水资源论证范围

1.2.1 分析范围

区域水资源分析范围原则上应覆盖取水水源论证范围、取水影响论证范围和退水影响论证范围。亭南井田范围涉及长武县,取水水源位于长武县境内,排水入黑河长武工业、农业用水区长武段,故确定水资源分析范围为长武县全境。亭南煤矿水资源论证分析范围示意图见图 1-1。

1.2.2 矿井涌水水源论证范围和取水影响论证范围

煤矿开采过程中伴随着矿井涌水的疏干,同时会形成冒落带、裂隙带和弯曲带,在地表会产生沉陷,对地表水和地下水都会产生影响;结合地表沉陷影响范围和矿井涌水影响半径来综合确定矿井涌水水源论证范围和取水影响论证范围,初步分析后确定为亭南井田及井田边界向外延伸 600 m 的区域,见图 1-2。

图 1-1 亭南煤矿水资源论证分析范围示意图

1.2.3 地下水取水水源论证范围和取水影响论证范围

亭南煤矿除 7#机井运行外,其余机井均已废弃。根据分析,亭南煤矿地下水最大取水量为 828 m^3/d,按此推算的影响半径为 453.56 m。以 453.56 m 作为半径,以 7#水源井作为圆心,所形成的圆形区域即为亭南煤矿地下水取水水源论证范围和取水影响论证范围,面积约为 0.64 km^2。亭南煤矿地下水取水水源论证范围和取水影响论证范围示意图见图 1-3。

1.2.4 退水影响论证范围

亭南煤矿位于陕西省长武县境内,现设置有入河排污口 1 个,位于黑河长武工业、农业用水区(右岸)。黑河入泾河第一个水功能区为泾河长武工业、农业用水区,纳污河段水功能区基本情况见表 1-2。

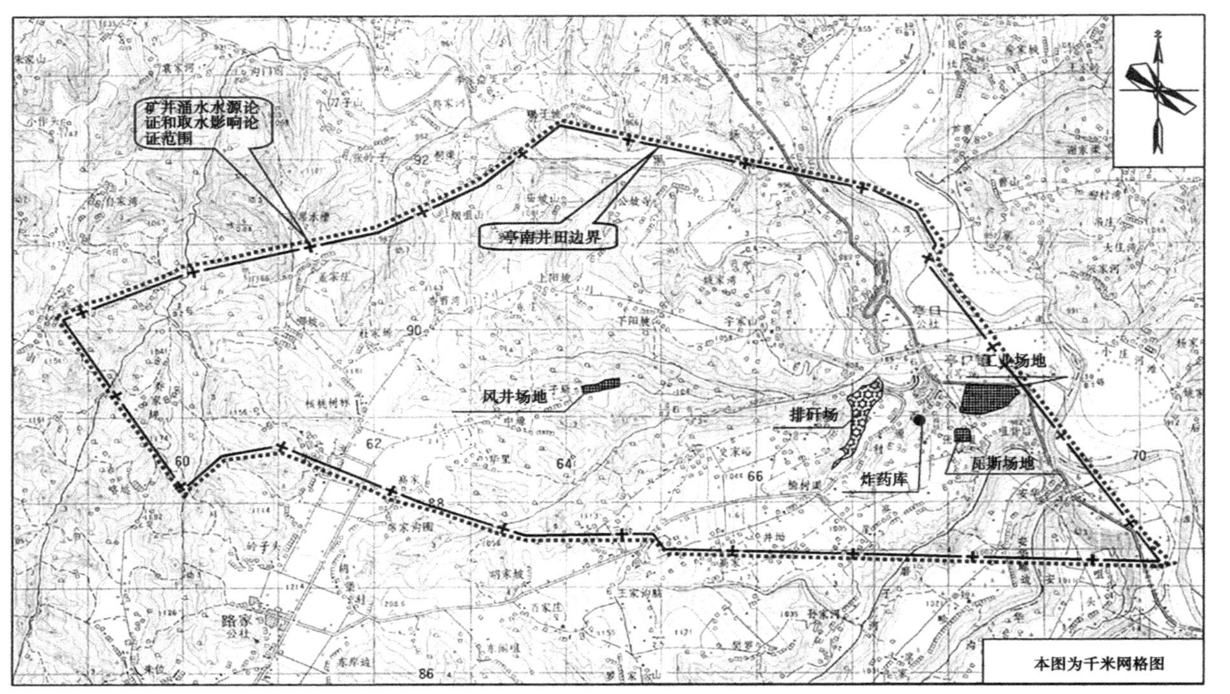

图 1-2 亭南煤矿矿井涌水水源论证范围和取水影响论证范围示意图

图 1-3 亭南煤矿地下水取水水源论证范围和取水影响论证范围示意图

表 1-2 现状纳污黑河及泾河河段水功能区基本信息

二级 水功能区名称	一级 水功能区名称	范围		代表 断面	长度 /km	水质 目标
		起始断面	终止断面			
黑河长武工业、农业用水区	黑河长武开发利用区	达溪河口	入泾河口	—	14.2	Ⅲ类
泾河彬县工业、农业用水区	泾河咸阳开发利用区	胡家河村	彬县	—	36.0	Ⅲ类

因此,亭南煤矿入河排污口可能对两个水功能区造成影响,将论证范围确定为纳污水功能区——黑河长武工业、农业用水区以及泾河彬县工业、农业用水区(黑河入泾口——彬县)(见图 1-4)。

本次划定的分析范围与论证范围见表 1-3。

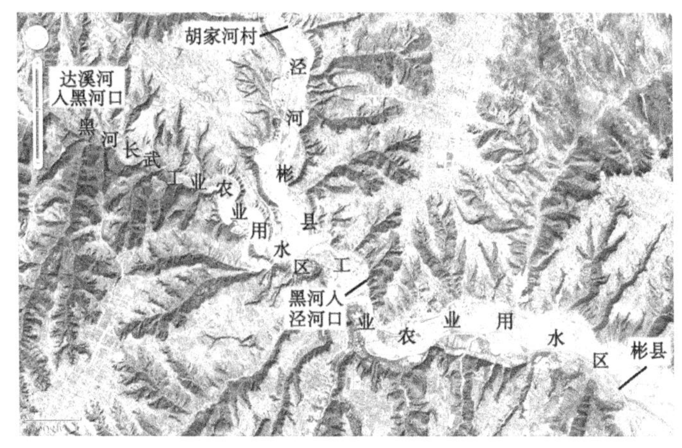

图 1-4 亭南煤矿退水影响论证范围示意图

表 1-3 水资源论证范围一览表

<table>
<tr><td colspan="3">水资源论证分析范围</td></tr>
<tr><td colspan="2">区域水资源及开发利用</td><td>长武县</td></tr>
<tr><td colspan="3">水资源论证范围</td></tr>
<tr><td rowspan="2">取水水源</td><td>矿井涌水</td><td>亭南井田及边界外延 600 m 区域</td></tr>
<tr><td>地下水</td><td>以 7# 水源井作为圆点，以 453.56 m 作为半径，面积约为 0.64 km^2 的区域</td></tr>
<tr><td rowspan="2">取水影响</td><td>矿井涌水</td><td>亭南井田及边界外延 600 m 区域</td></tr>
<tr><td>地下水</td><td>以 7# 水源井作为圆点，以 453.56 m 作为半径，面积约为 0.64 km^2 的区域</td></tr>
<tr><td colspan="2">退水影响</td><td>黑河长武工业、农业用水区及泾河彬县工业、农业用水区（黑河入泾口—彬县）</td></tr>
</table>

第2章　工程概况

2.1　彬长矿区总体规划概况

2.1.1　矿区范围、面积和煤炭资源总量

彬长矿区位于陕西省关中地区西北部，彬县及长武县之间。其地理坐标为东经107°46′~108°11′，北纬34°58′~35°19′。矿区东西长46 km，南北宽36.5 km，规划总面积978 km^2，总资源量为8 978.83 Mt。

彬长矿区地处陇东黄土高原东南翼，属陕北黄土高原南部塬梁沟壑区的一部分。海拔一般为850~1 200 m。泾河穿越矿区中部，地势从黄土塬梁向中间泾河谷地倾斜。塬梁破碎，沟壑纵横。

2.1.2　矿区井田划分及特征

彬长矿区的主要含煤地层为侏罗系中统延安组，4号煤层为全区主采煤层。矿区划分为13个矿井，建设总规模53.8 Mt/a。彬长矿区矿井数量及特征一览表见表2-1，彬长矿区井田划分平面图见图2-1。

表2-1　彬长矿区矿井数量及特征一览表

序号	矿井名称	矿井性质	井田尺寸			储量/Mt		设计产能/(Mt/a)	服务年限/a
			长/km	宽/km	面积/km^2	地质	可采		
1	大佛寺	生产	15.1	5.8	86.3	1 215.42	765.68	8.0	76.0
2	下沟	生产	4.0	4.2	14.1	176.54	72.44	3.0	17.2
3	亭南	生产	10.1	4.5	36.0	402.17	212.11	5.0	50.5
4	官牌	接续	7.0	5.3	35.1	232.58	129.78	3.0	30.9

续表 2-1

序号	矿井名称	矿井性质	井田尺寸			储量/Mt		设计产能/(Mt/a)	服务年限/a
			长/km	宽/km	面积/km^2	地质	可采		
5	水帘洞	生产	4.5	1.3	5.37	56.4	34.08	0.9	27.0
6	蒋家河	生产	6.5	4.5	23.0	103.27	48.60	0.9	41.5
7	孟村	在建	10.5	6.5	61.2	1 017.49	601.00	6.0	71.5
8	胡家河	生产	8.5	7.2	54.7	819.27	473.02	5.0	72.0
9	小庄	生产	9.0	7.5	50.0	1 161.08	751.20	6.0	89.4
10	文家坡	生产	10.7	9.5	79.5	819.27	507.93	4.0	90.7
11	雅店	在建	19.0	3.0	78.11	636.7	445.79	4.0	79.6
12	高家堡	生产	25.7	16.6	216.05	1 073.90	625.31	5.0	83.4
13	杨家坪	规划	17.4	9.1	146.12	1 264.22	695.32	5.0	101.1

2.2　亭南煤矿概况

2.2.1　基本情况

亭南煤矿及选煤厂项目为已建工程,矿井及配套选煤厂设计规模 5.0 Mt/a,建设地点位于陕西省咸阳市长武县亭口镇(工业场地位置),见图 2-2。

建设历程:亭南煤矿由山东能源淄博矿业集团有限责任公司投资建设,2004 年 4 月 11 日正式开工建设,2005 年 12 月 28 日联合试运转,2006 年 10 月正式生产,由 0.45 Mt/a 建成后未投入生产就进行了 1.2 Mt/a 技术改造,2015 年核定矿井生产能力为 5.0 Mt/a。以 2014 年底保有地质储量 38 865.6 万 t 计,矿井剩余服务年限 30.2 a。

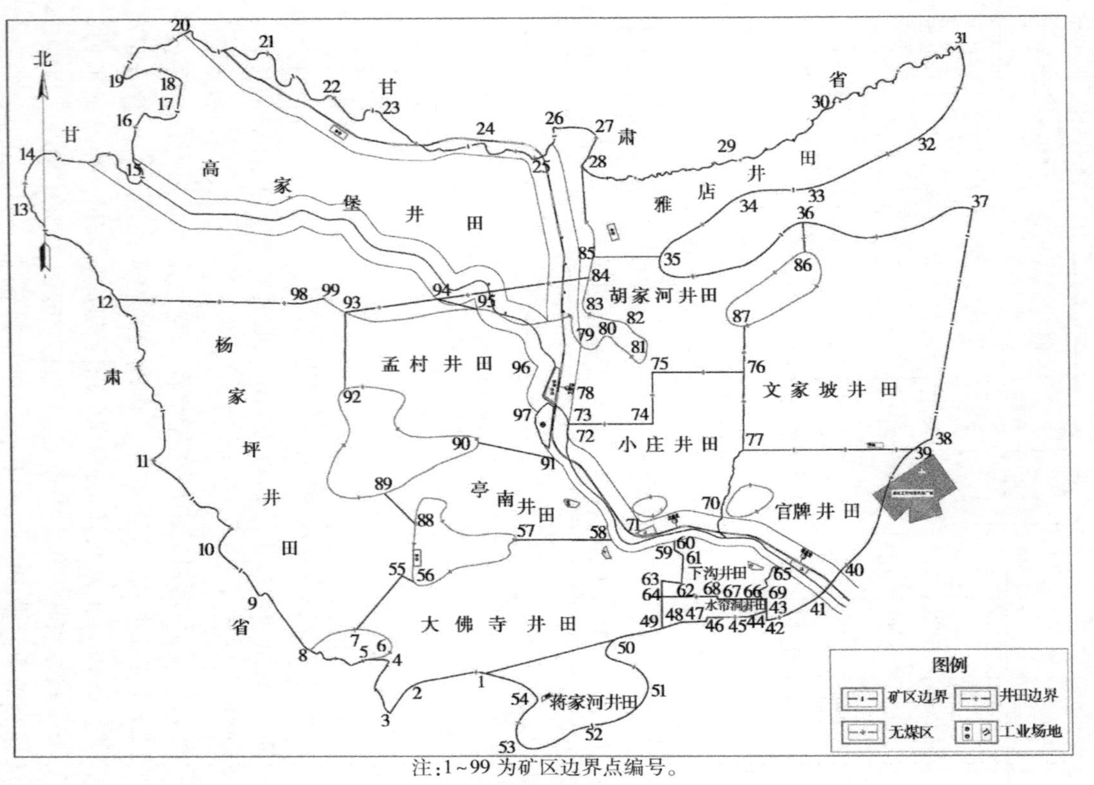

注:1~99 为矿区边界点编号。

图 2-1 彬长矿区井田划分平面图

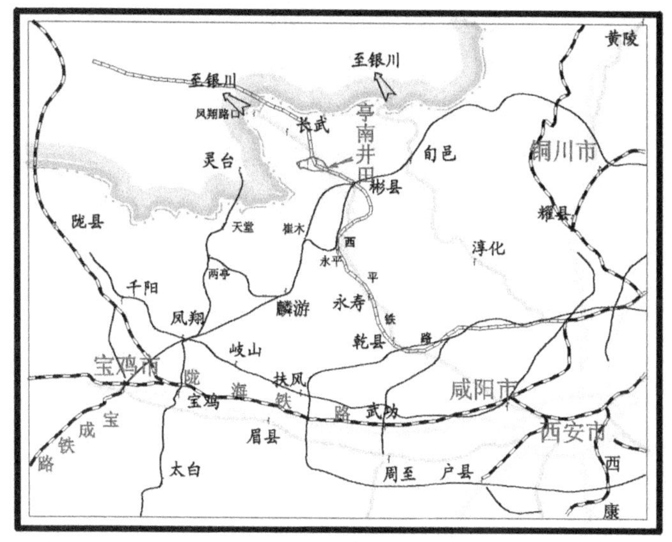

图 2-2　亭南煤矿地理位置示意图

可采煤层:井田内含煤地层为侏罗系中统延安组,共含煤四层,自上而下依次编号为 1 号煤层、2 号煤层、3 号煤层和 4 号煤层,其中,4 号煤层为可采煤层,其他煤层为不可采煤层。

煤层埋深:可采 4 号煤底板标高 350~520 m,埋深 324.55~498.84 m。

煤层厚度:4 号煤层位于延安组最下部,煤层厚 1.00~23.24 m,平均厚 11.05 m,倾角 2°~7°。

矿井瓦斯:高瓦斯。

矿井地温:地温正常,无地热危害。

煤尘自燃:开采的 4 号煤层属Ⅱ类自燃煤层,煤尘有爆炸性。

井筒开拓:矿井共有 4 条井筒,分别为主立井、副立井、进风立井和中塬回风立井,形成“三进一回”中央分列式通风系统。

开采水平:采用 455 m 单水平开发全井田。

采选工艺:长壁采煤法开采。煤厚小于 1.7 m 区域,选择高档普采,一次采全高;在煤厚 1.7~3.5 m 区域,采用综采放顶煤液压支架,只采不放,一次采全高;在煤厚 3.5~12 m 区域,采取综采放顶煤采煤法一次采全高,采高平均 2.8 m,放顶平均 7.2 m;在煤厚 12~20 m 区域,采取分层综采放顶煤采煤法采全高。

选煤采用重介浅槽+煤泥压滤回收工艺。

盘区划分:全井田共划分 4 个盘区,盘区接续顺序为:一盘区→二盘区→三盘区→四盘区。一盘区为首采工作面,服务年限为 7 a。

2.2.2　井田拐点坐标

根据陕西省国土资源厅颁发的《采矿许可证》(证号:C6100002011011120106797)批准的亭南煤矿井田范围由 15 个拐点坐标圈定,井田走向长 11.3 km,倾斜宽 3.1 km,开采标高 350~530 m,面积 35.548 4 km^2。

划定的亭南井田范围拐点坐标见表 2-2。划定的亭南井田范围及拐点编号见图 2-3。

表 2-2　划定的亭南井田范围拐点坐标(1980 西安坐标系)

点号	坐标		点号	坐标	
	X	*Y*		*X*	*Y*
1	3 883 336.000	36 496 503.000	9	3 884 186.000	36 486 373.000
2	3 886 806.000	36 494 073.000	10	3 884 576.000	36 486 773.000
3	3 887 006.000	36 494 173.000	11	3 884 696.000	36 487 373.000
4	3 887 396.000	36 493 973.000	12	3 884 016.000	36 488 873.000
5	3 887 646.000	36 493 523.000	13	3 883 646.000	36 489 923.000
6	3 888 406.000	36 490 273.000	14	3 883 666.000	36 491 243.000
7	3 886 686.000	36 486 423.000	15	3 883 486.000	36 491 363.000
8	3 886 146.000	36 485 163.000			
开采标高	350~530 m				

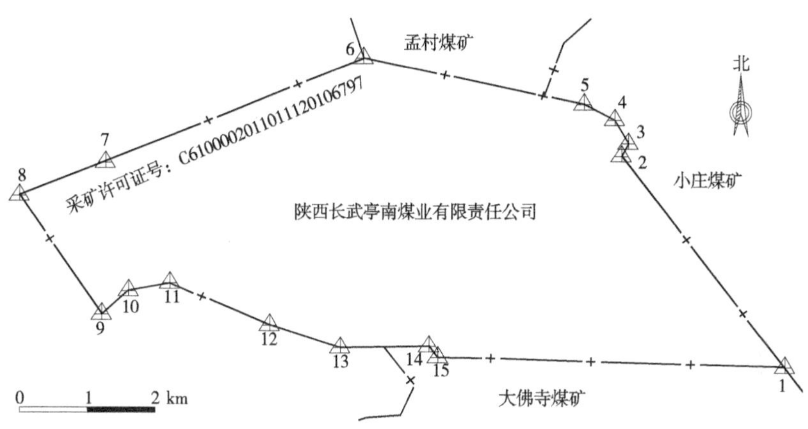

图 2-3 划定的亭南井田范围及拐点编号

2.2.3 土地利用情况及地面总体布置

2.2.3.1 土地利用情况

亭南煤矿建设用地总规模为 18.07 hm^2,用地情况见表 2-3。

表 2-3 矿井建设用地一览表

序号	矿井建设用地	单 位	用地数量	说明
1	矿井工业场地总用地	hm^2	18.07	含墙外用地
2	围墙内占地面积	hm^2	15.98	

2.2.3.2 地面总布置

亭南煤矿矿井地面总布置示意图见图 2-4、图 2-5。

(1)矿井工业场地位于长武县亭口镇亭南村,黑河南岸,场地中心位置坐标为北纬 35° 5′43″、东经 107° 56′27″。

(2)矿井工业场地布置有主立井、副立井、回风立井。矿井工业场地分为场前生活区、主副井生产区、生产加工区、立风井区、储煤场区。

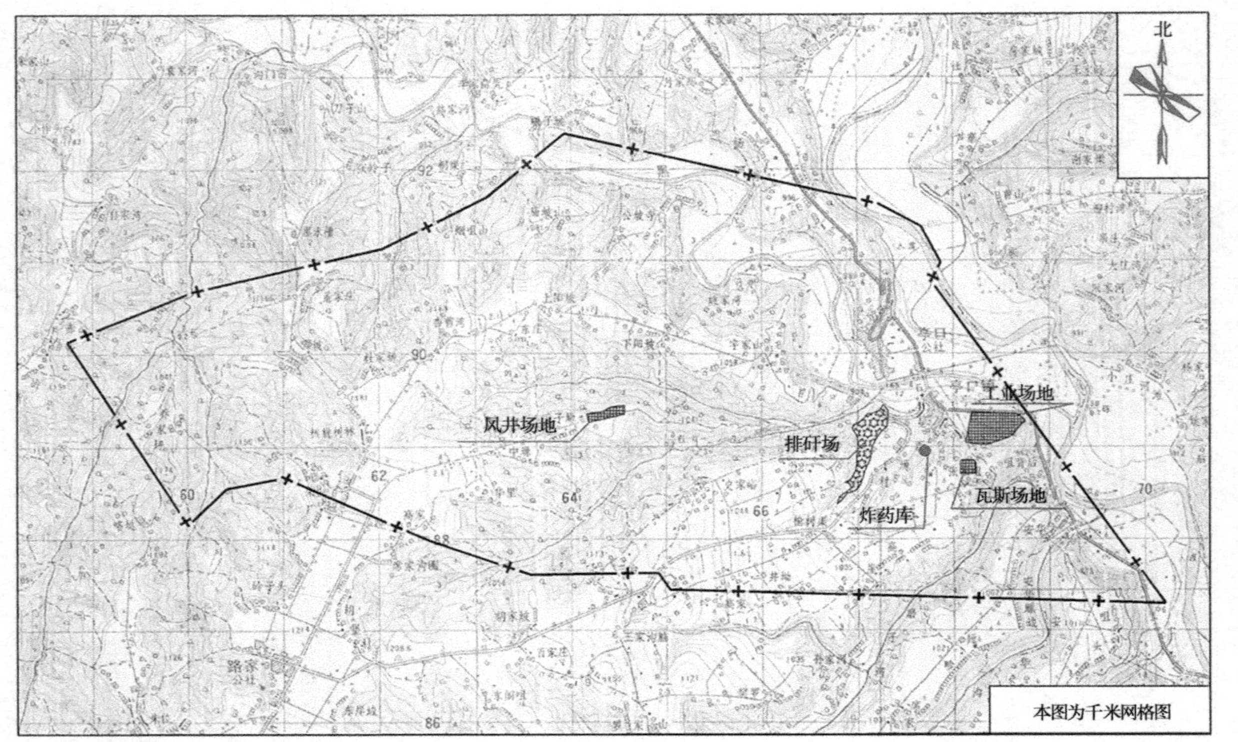

图 2-4　亭南煤矿矿井地面总布置示意图

图 2-5　亭南煤矿取水及退水设施相对位置示意图

(3)地下水源井布设在该矿工业场地西北部,职工食堂北侧。井下水处理站位于主井南侧,靠近井口。

(4)风井场地位于工业场地西侧约 5 km 的塬上,场地中心位置坐标为北纬 35°05′52″、东经 107° 53′56″。布置有风井、瓦斯抽采站、瓦斯发电站。

(5)瓦斯抽采站有两个,分别为工业场地张家嘴村瓦斯抽采站(中心位置坐标为北纬 35°05′33″、东经 107° 56′29″)和中塬风井场地瓦斯抽采站。

(6)排矸场位于矿井工业场地西侧约 1 km 处的鲁家沟,占地约 2.5 hm^2,通过排矸公路与矿井工业场地连接,中心位置坐标为北纬 35°05′43″、东经 107° 55′43″。

2.2.3.3 工业场地总平面布置

工业场地布置按功能分五个区:场前生活区、主副井生产区、生产加工区、立风井区、储煤场区。

(1)场前生活区:位于场地西北部,布置有行政办公、任务交接、联合建筑,变电所,职工公寓,汽车库,职工食堂等。

(2)主副井生产区:位于场前生活区西南侧,主要布置有主井井口房、主井绞车房、副井井口房、副井绞车房、辅助生产设施、机修车间、材料库、锅炉房、日用水池、通风机房、黄泥灌浆站等。

(3)生产加工区:位于场前生活区东南侧,主要布置有筛选车间、输煤栈桥、产品仓、汽车磅房、煤炭运销楼等。

(4)立风井区:位于整个场区西南角,布置有立风井一条,同时建设了立风井井口房。主要布置有取水管井、泵房、井下水处理站等。

(5)储煤场区:该区布置有储煤场及生活污水处理站,其余均种树绿化。

亭南煤矿工业场地平面布置示意图见图 2-6。亭南煤矿现场实景见图 2-7。

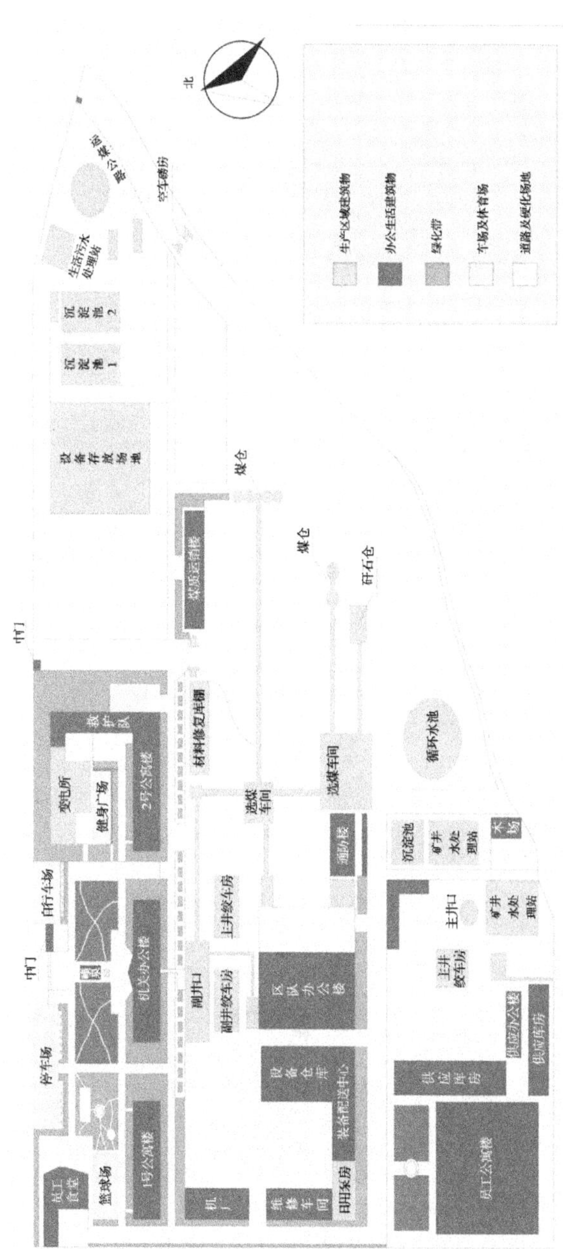

图 2-6　亭南煤矿工业场地平面布置示意图

(a)主井井口　(b)水源热泵机房

(c)选煤厂内部　(d)洗衣房

(e)办公区　(f)黄泥灌浆站

(g)风井工业场地　(h)风井工业场地瓦斯抽采站

图 2-7　亭南煤矿现场实景

2.2.4　设计开采储量和服务年限

2.2.4.1　煤层特征

亭南煤矿主要含煤地层为侏罗系中统延安组。4 号煤层为亭南井田唯一可采煤层,位于延安组第一段中上部,煤层底板至延安组底部平均间距 6.97 m,煤层顶板至延安组第二段底部平均间距 2.73 m;4 号煤层最小埋深 401.32 m(T_6 号孔),最大埋深 788.60 m(112 号孔),一般埋深 500~700 m。底板标高最低 351.16 m(ZK_{10-1} 号孔),最高 525.45 m(T_{14} 号孔),高差 174.29 m。

4 号煤层可采面积 28.93 km^2,占井田面积的 81.38%,为全区可采煤层。煤层厚 1.00(T_{14} 号孔)~23.24 m(96 号孔),平均 11.05 m。属厚-特厚煤层,以特厚煤层为主。4 号煤层为单一煤层,一般在上部含 1~2 层夹矸。夹矸厚度小,一般为 0.10~0.20 m,最大 0.75 m,含矸率平均 1.88%。夹矸岩性为泥岩及炭质泥岩。

2.2.4.2　煤质

本井田各层煤原煤全硫含量较高。4 号煤层的变质程度相对较低,镜质组反射率为 0.605%~0.666%,平均值为 0.635%,属于第Ⅱ变质阶段的烟煤,即不粘煤 31 号(BN31),主要用于动力、气化用煤和民用煤。

2.2.4.3　矿山设计资源储量与开采储量

根据陕西省国土资源厅陕国土资储备〔2011〕98 号文“《陕西省彬长矿区亭南煤矿(整合区)资源储量核实报告》评审备案证明”,结合“陕西省彬长矿区陕西长武亭南煤业有限责任公司亭南煤矿生产地质报告(2015)”提供的有关储量数据,矿井截至 2014 年底保有地质资源量为 38 865.6 万 t,矿井工业资源/储量为 38 470.41 万 t,矿井设计资源/储量为 32 459.4 万 t,矿井设计开采储量为 21 557.1 万 t。

2.2.4.4　矿山设计生产能力与服务年限

亭南煤矿原设计生产能力 0.45 Mt/a,经技术改造,2015 年陕西省煤炭生产安全监督管理局核定生产能力为 5.0 Mt/a(陕煤局发〔2015〕98 号)。以 2014 年底保有地质储量 38 865.6 万 t 计,矿井剩余服务年限 30.2 a。

2.2.5 安全煤柱留设情况

本井田地表大部分为黄土覆盖的塬梁区,泾河由北向南流经井田东部;黑河由西北向东南流经井田东南隅,在亭口镇东侧汇入泾河。井田内村庄较多,除河川中房屋较集中外,塬上各村庄房屋分布较为分散。井田内较大的宇家山、史家峪村按搬迁考虑。各种煤柱具体留设的原则如下:

设计参照类似矿井的围岩情况,按以下数值留设地面建(构)筑物安全煤柱:松散层移动角:含水松散层 45°,不含水松散层 55°;岩石移动角 70°,岩石边界角 55°。

2.2.5.1 井筒、工业场地及亭南村煤柱

主、副、进风井筒均位于工业场地内,井筒深度已超过 400 m。按现行《建筑物、水体、铁路及主要井巷煤柱留设与压煤开采规程》规定,井筒煤柱地面受护面积包括井架、提升机房和维护带,维护带宽 20 m,井筒按Ⅰ类建筑物基岩边界角圈定保护煤柱;工业场地及亭南村按Ⅱ类建筑物基岩移动角圈定煤柱。煤柱边界以工业场地煤柱边界圈定。

亭南村按Ⅱ类建筑物基岩移动角一同留设煤柱(维护带宽 20 m)。

2.2.5.2 亭口镇、312 国道黑河大桥煤柱

亭口镇按Ⅱ类建筑物基岩移动角一同留设煤柱(维护带宽 20 m)。

黑河大桥按Ⅰ类建筑物基岩层边界角留设煤柱(维护带宽 20 m)。

2.2.5.3 大巷煤柱

大巷两侧各留设 80 m 煤柱。

2.2.5.4 井田境界煤柱及盘区边界煤柱

井田境界煤柱按 40 m 留设,境界线两侧各留 20 m;盘区边界煤柱

均按 20 m 留设，两侧各留 10 m。

2.2.5.5　亭口水库大坝煤柱

亭口水库大坝位于黑河入泾河口亭口镇以北的姚家湾村，设计亭口水库大坝按Ⅰ类建筑物基层边界角圈定亭口水库大坝煤柱。

2.2.5.6　反调节蓄水大坝煤柱

反调节蓄水工程位于黑河下游的中塬沟，坝址位于井田范围内的中塬沟沟口，坝址位于井田范围内，水库总库容 986 万 m^3，正常蓄水位 920.3 m。反调节蓄水大坝按Ⅰ类建筑物基层边界角留设煤柱。

2.2.5.7　中塬风井场地煤柱

本风井场地位于塬面中塬村附近，场地标高 1 095 m，煤层埋深近 700 m，设计按Ⅱ类建筑物表土、基岩移动角圈定保护煤柱。

煤柱留设示意图见图 2-8。

2.2.6　井田开拓与开采

2.2.6.1　开采技术条件

本井田可采 4 号煤层顶板直接顶为灰及深灰色泥质粉砂岩，具微波，透镜状，水平状层理发育，钙质胶结，坚硬，单向抗压强度 79.1～111.8 MPa，属坚硬稳定顶板。4 号煤层直接底为灰褐色砂质泥岩，含铝质及植物根系化石，具裂隙，呈团块状，与下伏层呈渐变接触，遇水膨胀，有底鼓现象。

亭南煤矿煤尘具有爆炸危险，煤层为自燃煤层，地温正常，属高瓦斯矿井。

2.2.6.2　井筒开拓

矿井采用立井单水平开拓方式，水平标高 455 m。矿井共布置 3 个立井，分别是主立井、副立井、回风立井。井筒特征见表 2-4。

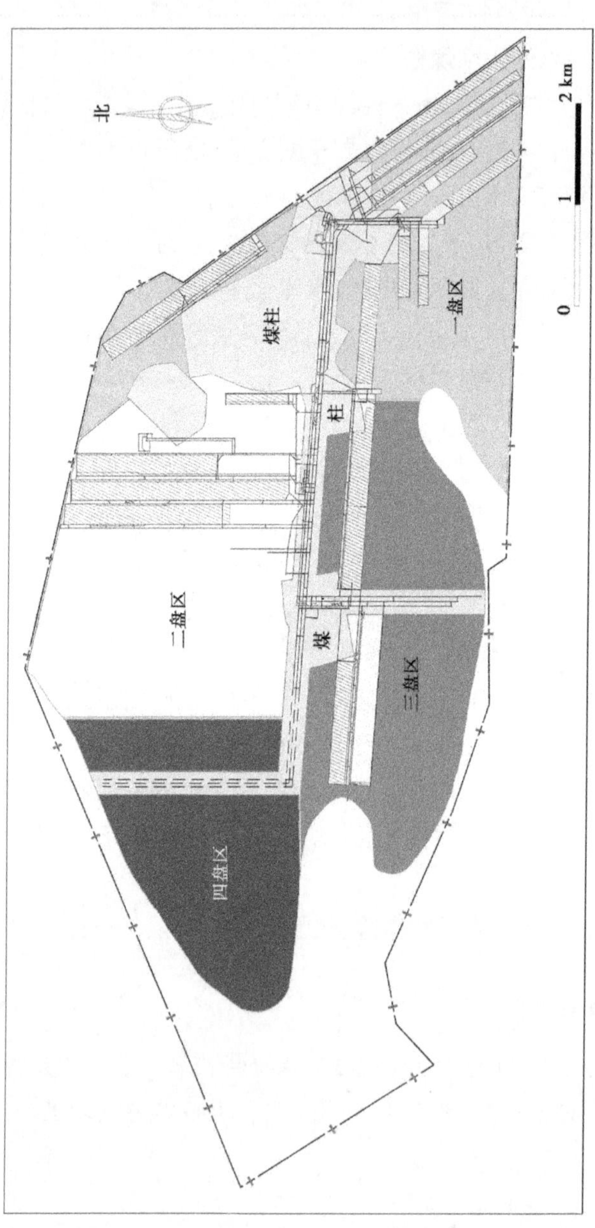

图 2-8　亭南煤矿盘区划分及保护煤柱示意图

表 2-4　井筒特征

序号	井筒名称	井口标高/m	井筒倾角	井筒长度/m	井底落平标高/m	断面面积/m^2		用途
						净	掘进	
1	主立井	856.30	90°	401.00	455	19.6	26.4	提煤、进风、安全出口
2	副立井	856.35	90°	427.00	429	37.4	28.3	辅运、行人、进风、安全出口
3	回风立井	856.30	90°	401.00	455	17.2	28.3	回风、安全出口

2.2.6.3　水平划分及标高

亭南井田内含煤地层为侏罗系中统延安组,共含煤四层,自上而下依次编号为1号煤层、2号煤层、3号煤层和4号煤层,其中,4号煤层为可采煤层,其他煤层为不可采煤层。

4号煤层位于延安组最下部,煤层厚1.00~23.24 m,平均厚11.05 m,倾角2°~7°。4号煤层一般为单一煤层,上部或底部含1~2层夹矸,最多4层,夹矸厚度小,仅0.10~0.20 m,最大0.75 m。除西北及西南边界处煤层较薄外,其余区域全为特厚煤层。煤层厚度变化规律明显,起伏变化较小,结构简单。

本矿井采用单水平开拓。水平设在4号煤层,水平标高为455 m。

2.2.6.4　采区划分与接替

亭南煤矿共划分4个盘区(见图2-8),分别为一、二、三、四盘区。首采区为一盘区。

2.2.6.5　采煤方法及运输方案

矿井采用走向长壁综合机械化放顶煤采煤法,全部垮落法管理顶板。目前,矿井装备1个综合机械化放顶煤采煤工作面,1个备用综采放顶煤工作面,8个掘进(5个综掘、3个炮掘)工作面。综采放顶煤工作面采用"U"形布置方式。目前,矿井正在生产的工作面为201综采放顶煤工作面,109工作面为备用综采放顶煤工作面。

亭南煤矿主立井采用落地式多绳摩擦轮提升方式,承担矿井原煤提升任务,副立井采用落地式多绳摩擦轮提升方式,承担矿井辅助提升任务。

亭南煤矿井下煤炭运输全部采用带式输送机运输方式,井下共布置1个综采工作面。其煤流运输系统为:201综采放顶煤工作面刮板输送机→顺槽皮带运输→2#煤仓→西翼胶带大巷皮带→井底主煤仓→定量自动装载装置→主井箕斗提升至地面。掘进煤经刮板输送机、带式输送机汇入主煤流。亭南煤矿井下辅助运输采用轨道运输系统。

矸石运输线路:工作面(无极绳牵引)→轨道运输大巷(蓄电池电机车牵引)→轨道斜巷(调度绞车牵引)→轨道运输大巷(蓄电池电机车牵引)→副井井底车场→副井摩擦式提升机至地面。

2.2.6.6 煤层顶板条件及顶板管理

1. 顶板条件

4号煤层顶板可分为直接顶、老顶两种类型:①直接顶:为灰及深灰色泥质粉砂岩,具微波,透镜状,水平状层理发育,含黄铁矿结核及植物叶部化石,往下渐浑,颜色渐深,底部0.10 m砂质泥岩,含植物炭化茎秆及镜煤条带,与下伏层直接接触。②老顶:为灰白色粗粒砂岩,成分以石英及长石为主,次为云母,胶结疏松,上部含少量炭屑及黄铁矿结核,近底部夹中、细砂岩,局部具直线型斜层理,底部较疏松,含灰色泥砾,与下呈明显接触。钙质胶结,坚硬,单向抗压强度79.1~111.8 MPa,属坚硬稳定顶板。

2. 顶板管理

顶板采用全部垮落法管理。

2.2.6.7 选煤工艺及产品方案

亭南煤矿选煤厂建设规模为5.0 Mt/a。25~150 mm块煤采用重介浅槽分选工艺,1~25 mm末煤采用两产品重介旋流器再洗分选工艺,0.25~1 mm粗煤泥采用干扰床分选工艺,0~0.25 mm细煤泥采用压滤机回收工艺。

选煤厂产品结构为:25~150 mm块精煤、0.25~25 mm末精煤、0.25 mm以下洗混煤、矸石四种产品。

2.2.6.8　工作制度及劳动定员

矿井年工作日为 330 d，井下每天四班作业，其中三班生产、一班检修，每班工作 6 h，每日净提升时间为 16 h。选煤厂年工作日为 330 d，每天三班作业，其中两班生产、一班检修，每班工作 8 h。

亭南煤矿在矿生活人数 2 759 人，其中矿井员工 1 417 人、选煤厂员工 40 人、外委人员 1 302 人。

2.2.6.9　主要经济指标

亭南煤矿于 2004 年 4 月开工建设，2006 年 10 月建成运行。主要经济指标见表 2-5。

表 2-5　亭南煤矿主要经济技术指标

序号	指标名称	单位	指标	说明
1	井田范围			
(1)	东西宽	km	11.3	
(2)	南北长	km	5.1	
(3)	井田面积	km^2	35.55	
2	煤层			
(1)	可采煤层数	层	1	
(2)	首采煤层可采厚度	m	1.00~23.24	
(3)	煤层倾角	(°)	2~7	
3	资源/储量			
(1)	地质资源量	万 t	38 865.6	
(2)	工业资源/储量	万 t	38 470.41	
(3)	设计资源/储量	万 t	32 459.4	
(4)	设计可采储量	万 t	21 557.1	
4	矿井设计生产能力			
(1)	年生产能力	Mt/a	5.0	
(2)	日生产能力	t/d	15 152	

续表 2-5

序号	指标名称	单位	指标	说明
5	矿井服务年限	a	矿井剩余服务年限 30.2 a	以 2014 年底保有地质储量 38 865.6 万 t 计
6	设计工作制度			
(1)	年工作天数	d	330	
(2)	日工作班数(地面/井下)	班	3/4	
7	井田开拓			
(1)	开拓方式		立井	
(2)	水平数目	个	1	
(3)	水平标高	m	455	
(4)	大巷主运输方式		带式输送机	
(5)	大巷辅助运输方式		轨道运输	
8	采区			
(1)	综采工作面个数	个	2	面长 180 m
(2)	综掘工作面个数	个	5	
(3)	炮掘工作面个数	个	3	
(4)	采煤方法		分层限高放顶煤	
(5)	主要采煤设备			
	采煤机	台	MG400/930-WD 型 1 台	
	刮板运输机	台	SGZ-880/800 2 台	
9	矿井主要设备			
(1)	主立井提升设备	台	JKMD-4.5×4P(Ⅲ)型提升机 1 台	

续表 2-5

序号	指标名称	单位	指标	说明
(2)	副立井提升设备	台	JKMD-3.5×4(Ⅲ)E 型提升机 1 台	
(3)	风井通风设备	台	GAF37.5-22.4-1 型防爆对旋轴流通风机 2 台	2 台型
(4)	主排水设备	台	MD500-57×8 型矿用耐磨多级离心泵 5 台	
(5)	空压设备	台	SA350/A 型螺杆空压机 2 台	
10	万吨掘进率	m	62.5	
11	选煤厂类型	m/万 t	矿井型	
12	选煤厂处理能力			
(1)	年处理能力	Mt/a	11.0	
(2)	日处理能力	t/d	33 333.22	
(3)	小时处理能力	t/h	2 083.33	
13	选煤厂设计工作制度			
(1)	年工作天数	d	330	
(2)	日工作小时数	h	16	
14	选煤方法			
	25~150 mm		重介浅槽分选	

2.3 亭南煤矿实际开采情况

矿井现生产盘区为一盘区、二盘区、三盘区。截至2020年9月10日，亭南煤矿已完成25个工作面的回采，正在回采工作面为307工作面、401工作面和1102工作面，其中307工作面、401工作面为综采放顶煤工作面，1102工作面为充填开采工作面，采高3.8 m(见表2-6)。亭南煤矿近年开采量统计见表2-7。

表2-6 亭南煤矿历年回采工作面统计

年份	回采工作面			
	一盘区	二盘区	三盘区	四盘区
2006	101			
2007	103、106			
2008	106、113、107			
2009	107			
2010	107、111			
2011	109	201、204		
2012		204	303	
2013		205	303	
2014	108	205	304	
2015	108	206	304、305、316	
2016	110	206	302、305	
2017	105、112	207	302、305	
2018	126、112	207	306	
2019	116、1102	207	306、307	401
2020	1102		307	401

表2-7 亭南煤矿近年开采量统计

年份	2013	2014	2015	2016	2017	2018	2019
产量/万t	253	270.6	295.5	480.31	484.5	510.02	505.72

2.4　取水水源及取水量

2.4.1　取水水源

亭南煤矿生活用水主要采用地下水和矿井水处理站中水，生产用水采用矿井涌水（见表 2-8）。

表 2-8　亭南煤矿近年矿井涌水量统计　单位：m^3

月份	近年矿井涌水量					
	2015 年	2016 年	2017 年	2018 年	2019 年	2020 年
1	754 416	939 672	1 281 600	1 825 776	1 519 992	2 127 840
2	662 592	848 736	1 296 000	1 623 552	1 581 520	1 962 720
3	752 928	969 432	1 436 400	1 785 600	1 547 520	2 127 840
4	799 920	951 120	1 419 840	1 728 000	1 504 900	2 004 480
5	796 080	1 023 744	1 458 720	1 783 368	1 554 960	2 068 320
6	768 240	986 400	1 594 080	1 648 800	1 695 240	2 042 640
7	778 968	1 036 392	1 609 920	1 593 648	1 915 776	2 129 328
8	769 296	1 011 840	1 595 520	1 543 056	1 979 040	2 152 392
9	958 192	989 064	1 634 400	1 585 440	1 941 540	2 059 920
10	959 016	1 036 838	1 812 384	1 600 716	2 055 672	
11	910 800	1 089 240	1 751 040	1 600 002	2 050 400	
12	944 880	1 163 542	1 842 144	1 589 000	1 068 384	
合计	9 855 328	12 046 020	18 732 048	19 906 958	20 414 944	

矿井生活用水取自场地内的 1 口水源井（7#）（见图 2-9），取水层位为洛河组含水层，日供水能力 828 m^3/d；生活水经生活水净化设备处理后供给生活。水井坐标：东经 107°56′30″，北纬 35°05′54″。

生产用水以该矿矿井涌水为主。井下设 9 个井下水仓，总规模为

38 430 m^3,矿井涌水经井下排水泵房提升至地面矿井水处理站(见图 2-9),处理达标后输送至各用水点,多余矿井涌水外排至黑河。

(a)矿井水处理站(一)

(b)矿井水处理站(二)

(c)生活水净化站

(d)7$^{\#}$水源井

图 2-9 供水水源实景图

2.4.2 取水量

2.4.2.1 现状取用水量

根据现场水平衡分析结果,现状亭南煤矿各系统取新水量为 56 759 m^3/d,其中,水源井地下水 828 m^3/d,矿井涌水 55 931 m^3/d。

2.4.2.2 合理性分析后的取用水量

经合理性分析后,亭南煤矿取水源井地下水 828 m^3/d;正常工况下产生 73 200 m^3/d 井下排水,有 732 m^3/d 为处理损耗,采暖期 4 154 m^3/d 回用自身矿井,非采暖期 4 646 m^3/d 回用自身矿井。

2.5　现状退水及污水处理概况

2.5.1　现状退水情况

亭南煤矿扩能(500 万 t)后环评正在上报中。根据《陕西省环境保护厅关于陕西长武亭南煤业有限责任公司亭南煤矿 300 万吨/年环境影响(后评价)报告书的批复》(陕环批复〔2009〕52 号)以及《陕西省环境保护厅关于陕西长武亭南煤业有限责任公司(300 万吨/年)技改项目竣工环境保护验收的批复》(陕环批复〔2010〕81 号),生活污水经处理后全部回用,矿井水经处理后部分回用,其余部分排入黑河。工业场地总排口各污染因子均符合《煤炭工业污染物排放标准》(GB 20426—2006)表 1 和表 2 中新改扩建污染物排放限制要求。

通过现场调研了解到,亭南煤矿生活污水处理站暂未使用。目前,矿上生活污水排入亭口镇污水处理厂处理达标后,排入黑河。亭口镇污水处理厂入河排污口位于亭南煤矿入河排污口上游约 580 m,地理坐标:北纬 35°05′55″,东经 107°56′26″。亭南工作面的矿井涌水经处理达标后,部分回用至生产及生活,部分排放至黑河。

现状亭南煤矿外排黑河水量采暖期为 51 329 m^3/d,非采暖期为 50 837 m^3/d。

现状入河排污口地理坐标:东经 107°56′52″,北纬 35°05′47″。

2.5.2　改建退水情况

亭南煤矿改建后的排污口在原排污口的位置上移 380 m(河道距离),依旧为黑河右岸,亭口镇污水处理厂排污口以下约 200 m(河道距离),拟建入河排污口(地理坐标为东经 107°56′35″,北纬 35°05′56″)。入河排污口位于黄河流域水功能区划一级功能区,为黑河长武开发利用区,所处二级功能区为黑河长武工业、农业用水区(见图 2-10、图 2-11)。

经合理性分析后,亭南煤矿正常工况下有 2 496.0 万 m^3/a 处理达标后的矿井涌水外排入河,最大矿井涌水工况下有 3 355.4 万 m^3/a 处理达标后的矿井涌水外排入河。

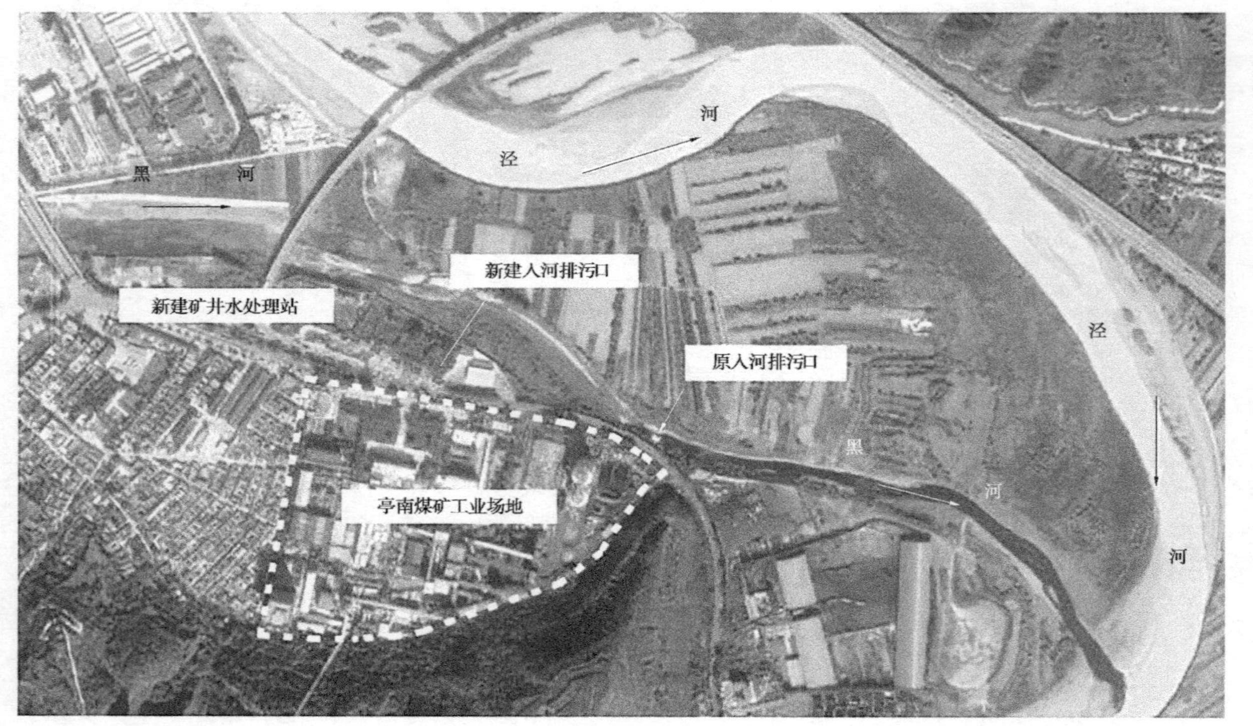

图 2-10　亭南煤矿排污口位置相对示意图

(a)亭南煤矿入河排污口

(b)排污口下游

图 2-11　亭南煤矿现状排污口实景图

2.5.3　污水处理概况

2.5.3.1　生活污水处理站

亭南煤矿生活污水处理站处理规模为 100 m^3/h,主要处理工艺为曝气生物流化床(A2BFT)。处理后出水水质:pH 值 6～9,COD≤30 mg/L,SS ≤10 mg/L,氨氮≤5 mg/L,达到《城镇污水处理厂污染物排放标准》(GB 18918—2002)要求。亭南煤矿生活污水处理工艺流程见图 2-12。

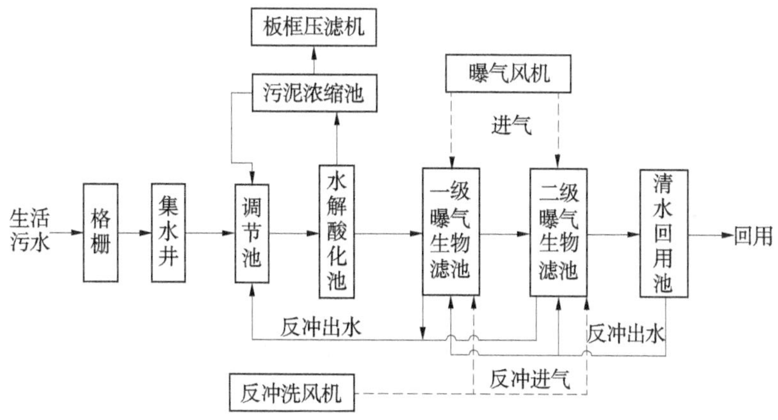

图 2-12　亭南煤矿生活污水处理工艺流程

亭南煤矿生活污水处理站暂未使用。目前,矿上生活污水排入亭口镇污水处理厂处理达标后,排入黑河。亭口镇污水处理厂入河排污口位于煤矿入河排污口上游约 580 m,地理坐标:北纬 35°05′55″,东经 107°56′26″。

2.5.3.2　矿井水处理站

亭南煤矿矿井水处理站设计规模 3 100 m^3/h,主要为磁分离矿井水净化工艺,出水水质执行《煤炭工业污染物排放标准》(GB 20426—2006)和《黄河流域(陕西段)污水综合排放标准》(DB 61/224—2011),其中 pH 值 6~9,SS≤50 mg/L, COD_{Cr}≤50 mg/L,石油类≤5 mg/L,氨氮≤10 mg/L。目前,矿井水处理站处理后的水复用于井下洒水、绿地浇洒、地面冲洗及生活冲厕,多余部分由外排入黑河。亭南煤矿原矿井水处理工艺流程见图 2-13。

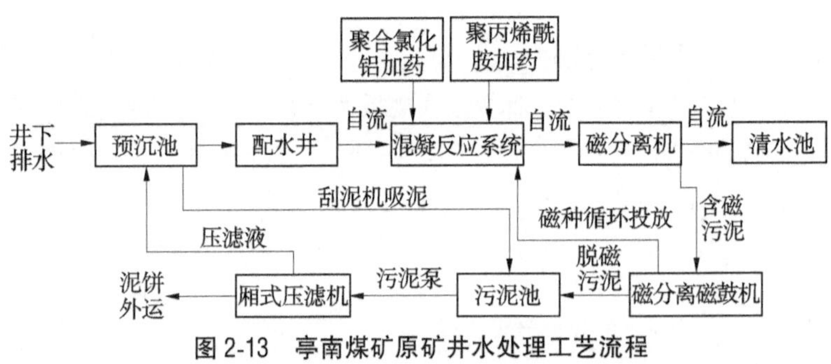

图 2-13　亭南煤矿原矿井水处理工艺流程

2020 年 4 月,亭南煤矿在工业场地对面新建矿井水处理扩容工程,于 2021 年 10 月底已完工。建设规模 3 500 m^3/h,采用混凝反应、澄清、过滤及消毒工艺,经处理后的矿井水满足《地表水环境质量标准》(GB 3838—2002)Ⅲ类标准要求,一部分回用于亭南煤矿工业及生活,部分外排至黑河(见图 2-14)。亭南煤矿矿井水处理扩容工程实景图见图 2-15。

亭南煤矿矿井水处理扩容工程投入使用后,原矿井水处理站备用。

2.5.3.3　煤泥水处理设施

将经过处理的矿井水作为补给水输送到选煤厂清洗原煤,洗煤后

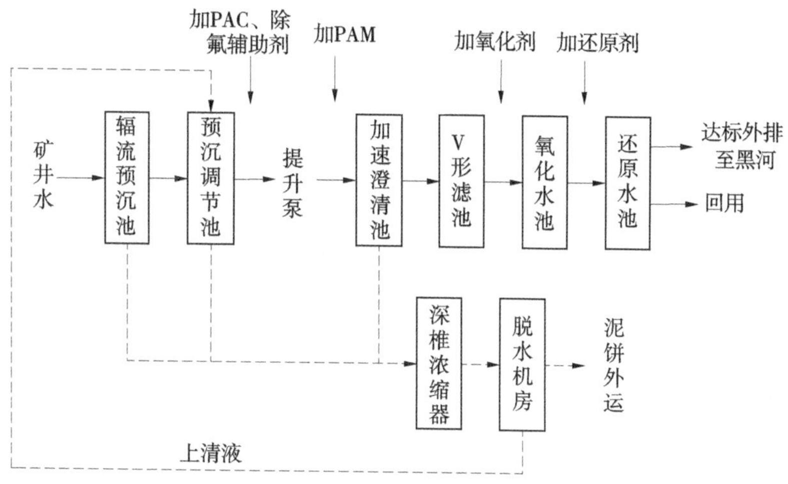

图 2-14 亭南煤矿矿井水处理扩容工艺流程

图 2-15 亭南煤矿矿井水处理扩容工程实景图

的水收集到煤泥水浓缩池,然后用泵输送到板框式压滤机,使煤泥和水分离,分离后的清水再输送到洗煤补给水管路,重复上一个洗煤步骤,实现洗选废水一级闭路循环使用,不外排。

2.6 与产业政策、有关规划的相符性分析

亭南煤矿是彬长矿区规划的矿井之一,2006 年 10 月正式生产。2011 年 12 月陕西省煤炭生产安全监督管理局以陕煤局发〔2011〕264

号文复核矿井生产能力 3.0 Mt/a。2015 年以陕煤局发〔2015〕98 号文核定矿井生产能力 5.0 Mt/a,矿井生产能力提高到 5.0 Mt/a,位置及井田面积未发生改变,仅对煤矿提升系统、排水系统、供电系统等主要生产系统(环节)进行了技改扩能。

2006 年 6 月亭南煤矿(1.2 Mt/a 技改)环境影响报告表获得陕西省环保局批复(陕环批复〔2006〕146 号),要求项目建成后,按照“用污排净”的原则,生活污水、生产废水经处理后全部回用,矿井废水经处理达标后,用于井下消防、生产系统洒水,剩余部分外排。2007 年 12 月《长武县环境保护局关于对陕西长武亭南煤业有限责任公司排污口规范化及点位确认的批复》(长环发〔2007〕52 号)确定亭南煤矿排污口位置:东经 107°56′52″,北纬 35°05′47″。2009 年 2 月陕西省环保局以陕环批复〔2009〕52 号文件对《陕西省环境保护厅关于陕西长武亭南煤业有限责任公司亭南煤矿 300 万吨/年环境影响(后评价)报告书的批复》进行了批复。2018 年 2 月长武县环保局为亭南煤矿颁发了排污许可证(PXDQ0428060004-1801),确定排水按照《陕西省黄河流域陕西段污水综合排放标准》一级标准:COD 浓度限值为 50 mg/L,NH_3-N 浓度限制为 12 mg/L,COD 年许可排放量为 35 t/a,NH_3-N 年许可排放量 8.4 t/a。2020 年 7 月亭南煤矿取得《咸阳市生态环境局长武分局关于亭南煤业公司地面矿井水处理扩容项目环境影响报告表的批复》(咸环长批复〔2020〕31 号),目前亭南煤矿 5.0 Mt/a 环境影响评价报告书编制完毕正在上报中。亭南煤矿前期相关支撑性文件齐全,其建设符合国家产业政策和有关规划,不再赘述。

第 3 章　区域水资源及其开发利用状况

区域水资源分析范围原则上应覆盖取水水源论证范围、取水影响论证范围和退水影响论证范围。亭南井田范围涉及长武县，取水水源位于长武县境内，排水黑河长武工业、农业用水区长武段，故确定区域水资源分析范围为长武县全境。根据有关规划和收集资料情况，结合亭南煤矿建设进度计划，选取 2019 年为现状水平年。

本章主要依据《陕西省水功能区划》，《咸阳市长武县水资源开发利用规划》，《长武县水资源承载能力监测预警机制报告》，长武县水利局供用水量统计资料以及相关气象、水质等资料，对长武县水资源及开发利用现状进行分析。

3.1　基本情况

3.1.1　自然地理与社会经济概况

3.1.1.1　地理位置

长武县位于陕西省咸阳市西北边境，东经 107°38′49″~107°58′02″，北纬 34°59′09″~35°18′37″。东临彬县，南接甘肃省灵台县，西连甘肃省泾川县，北隔泾河与甘肃省正宁县、宁县相望。距陕西省西安市约 190 km，是三秦通往大西北的咽喉关隘，被誉为“果乡煤城”。

3.1.1.2　地形地貌

长武县境内地市西南高、东北低，由西南向东北成倾斜状。塬面中部开阔平坦，周围边缘为流水切割的壑谷，多发于向河川缓下的山梁。塬与沟相对高差 200~800 m，坡度有 6 级。海拔最高 1 274 m，最低 847 m。长武县城海拔 1 209 m。

泾河的一级支流黑河横贯中部,将全县分割成南北两大部分:北部长武塬(右浅水塬),塬面积大且平坦,地形略向东南倾斜;南部又被达溪河切割成巨路塬(右支村塬)、枣园两个独立的塬面,塬面较小,地形支离破碎。县境内由于长期水土流失,形成883条毛沟,构成塬高、沟深、坡陡的地貌特征。

3.1.1.3 经济社会概况

长武县共辖1街道办7镇共161个行政村,总面积567 km^2(见图3-1)。

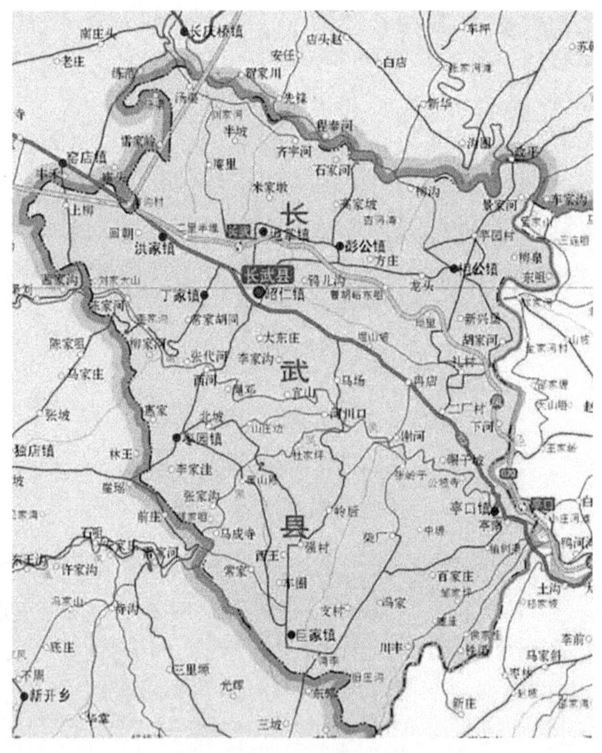

图3-1 长武县政区图

根据《2019年长武县国民经济与社会发展统计公报》,截至2019年底,全县总人口17.67万。其中,城镇人口7.21万,农村人口10.46万。农作物种植面积18.19万亩(1亩=1/1.5 hm^2,全书同)。

2019 年全年长武县完成地区生产总值 102.55 亿元,增长 5.5%。其中,一产完成增加值 17.91 亿元,增长 4.2%;二产完成增加值 62.60 亿元,增长 6.9%;三产完成增加值 22.04 亿元,增长 2.9%。实现工业增加值 53.53 亿元,增长 8.8%(见表 3-1)。

表 3-1　2015~2019 年长武县主要社会经济指标统计

年份	国内生产总值/亿元				工业增加值/亿元
	一产	二产	三产	合计	
2015	12.28	43.09	10.47	68.83	36.75
2016	15.87	45.42	11.71	73	43.93
2017	16.64	60.85	18.43	95.92	51.81
2018	16.28	63.40	20.78	100.46	54.39
2019	17.91	62.60	22.04	102.55	53.53

3.1.2　水文气象

长武县属暖温带大陆性季风气候区,四季冷暖分明。

年均日照时数 2 226.5 h,日照率 51%,年总辐射量 115.3 kcal/cm^2,年积温 2 994 ℃,年均气温 9.1 ℃,极端最低气温-24.9 ℃,极端最高气温 36.9 ℃,无霜期 171 d。年均降水量 560 mm。平常风速 2~3 级。

3.1.3　河流水系与水利工程

3.1.3.1　河流水系

长武县境内的河流属于泾河水系,主要有泾河、黑河、达溪河、磨子河(见表 3-2)。

(1)泾河:渭河最大的支流,发源于宁夏六盘山东麓。有两个源头,南源源于泾源县老龙潭,北源源于固原县大湾镇。两河在甘肃平凉八里桥附近汇合后折向东南,流经泾川,经杨家坪,在长武县地掌乡汤渠村入境,于长武县亭口镇出镇,先后纳蒲河、马莲河、黑河等支流,形成辐射状水系,再流经彬县、永寿、淳化、礼泉,在泾阳县张家山界入关

表 3-2 长武县境内主要河流特征值

河名	发源地	境内流域面积/km^2	境内河长/km	河道比降/‰	多年平均流量/(m^3/s)
泾河	宁夏六盘山东麓	567	56	1.55	42.2
黑河	甘肃省华亭县黑鹰响	262	37.7	1.72	8.3
达溪河	甘肃省崇信县宰相庄	80	12.5	1.72	4.85
磨子河	陕西宝鸡市麟游县亢家店	30	12.3	12.5	0.12

中平原,在陕西高陵区陈家滩附近注入渭河。泾河洪水猛烈、输沙量大,是渭河和黄河主要洪水、泥沙来源之一。

(2)黑河:泾河一级支流,也是泾河仅次于马莲河的第二大支流。发源于甘肃省华亭县黑鹰响,流经甘肃省崇信、灵台至陕西省长武县亭口汇入泾河,流域面积 4 255 km^2,全长 168 km,河道比 2.9‰,多年平均径流量为 2.61 亿 m^3。黑河最大的支流为达溪河,在长武县河川口村汇入黑河。黑河上目前有张河、灵台两站在观测。黑河亭口断面最大流量 4 900 m^3/s(1849 年),实测最大流量 3 100 m^3/s(1954 年 9 月 3 日),洪水猛烈、输沙量大。

(3)达溪河:有两个源头,南源源于陕西陇县河北乡北庙坡,北源源于甘肃省崇信县宰相庄,在长武县巨家镇马成寺入境,于枣园乡河川口村汇入黑河,全长 104 km,流域面积 2 485 km^3,境内河长 12.5 km,境内流域面积 80 km^2。

(4)磨子河:发源于麟游县亢家店,经由灵台县邵寨镇,由西南向东北,自亭口镇河口子入境,经上庄、华里、木盘川、张家河等村,在长武县亭口镇安华村汇入泾河,境内河长 12.3 km。

3.1.3.2 水利工程

1. 地表水供水工程

(1)蓄水工程:全县境内有马坊水库、七沥水库、鸦儿沟水库,总库容 1 120 万 m^3,见表 3-3。

表 3-3 长武县已建水库特征

<table>
<tr><th colspan="2">水库名称</th><th>设计总库容/万 m³</th><th>兴利库容/万 m³</th><th>现状供水能力/万 m³</th><th>说明</th></tr>
<tr><td rowspan="3">小(1)型水库</td><td>马坊水库</td><td>139</td><td>80</td><td>105</td><td>防汛、灌溉</td></tr>
<tr><td>七沥水库</td><td>231</td><td>118</td><td>60</td><td>防汛、灌溉</td></tr>
<tr><td>鸦儿沟水库</td><td>750</td><td></td><td></td><td>工业供水,来水由鸦儿沟径流和泾河抽水</td></tr>
</table>

(2)引水工程:全县共有自流引水工程 5 处,均能发挥作用,利用地表水自流灌溉及喷井灌溉面积 1.28 万亩。其中,自流引水现状供水能力 120 万 m^3。

(3)提水工程:全县现有机电抽灌站 33 处,灌溉面积 3.6 万亩。机电抽灌站带“病”运行的 9 处,机电设备老化失修、田间配套工程不全的 24 处。现状供水能力 909 万 m^3。

2. 地下水供水工程

全县农灌机电井 124 处中,带“病”运行的 47 处,机电设备老化失修、田间配套工程不全的 77 处,机电井灌溉面积 0.66 万亩。喷井自流灌溉工程井站 20 处,人饮工程井站 163 处。现状供水能力 922 万 m^3。

3. 其他水源供水工程

长武县污水处理厂(位于昭仁镇西大吉村)占地面积 35 亩,距离县城中心 2.8 km,污水水源全部为长武县县城生产、生活污水,设计日处理废水 6 000 t。

目前,全镇有蓄水池412座,集雨窖930眼,年供水能力40万 m^3。

3.2 水资源状况

3.2.1 水资源量及时空分布特点

3.2.1.1 水资源分区

根据《咸阳市长武县水资源开发利用规划》,长武县共分“司家河、地掌、鸦儿沟区”“黑河达溪河以上区”“黑河达溪河以下区”三个水资源综合利用五级分区。全县规划计算总面积567 km^2。

(1)司家河、地掌、鸦儿沟区:本区北面以泾河一级支沟司家河、地掌沟等泾河一级支流,中部以鸦儿沟流域,南面以黑河为界划分。本区以鸦儿沟为中心,包括彭公、地掌、相公、芋园全部及洪家、昭仁、丁家、冉店部分区域,该区计算面积215 km^2,地貌类型为渭北黄土高塬沟壑区,黄土塬、滩地、沟坡、丘陵均有。塬面上塬大地平,坡滩相间,塬高开阔平坦,地势东南低、西北高。沿塬畔南北连接川道为流水切割深谷,为全县主要粮、油、果农业产区。

(2)黑河达溪河以上区:本区为黑河支流达溪河以上流域。包括枣园、巨家、洪家、昭仁、丁家,计算面积194 km^2。地貌类型为渭北旱塬沟壑区,地貌复杂,沟壑纵横,梁峁起伏。地势东南低、西北高,沿塬畔南北连接川道为流水切割深谷,为全县重要粮、烟、果、菜、畜产区。

(3)黑河达溪河以下区:本区为黑河支流达溪河以下流域及磨子河、泾河川道区,泾河、黑河、磨子河交汇于此,计算面积158 km^2,主要为亭口、冉店两镇及巨家少部分区域,地貌类型为渭北旱塬沟壑区,梁峁起伏,为全县能源化工、矿产开发、商贸服务以及粮果畜牧产区。

长武县水资源综合利用分区见表3-4。

表 3-4　长武县水资源综合利用分区

水资源综合分区		分区代码	面积/km²	所含乡镇
四级区	五级区			
黑河、达溪河、泾河、张家山以上 D050320	司家河、地掌、鸦儿沟区	D0503201	215	洪家、彭公、地掌、相公、芋园、昭仁、丁家、冉店
	黑河达溪河以上	D0503202	194	洪家、丁家、昭仁、枣园、巨家
	黑河达溪河以下	D0503203	158	亭口、巨家、冉店
全县合计			567	

3.2.1.2　地表水资源量

长武县多年平均天然地表水资源量 3 200 万 m³，折合径流深 56.4 mm。各水资源分区多年平均地表水资源量及其径流深为：司家河、地掌、鸦儿沟区 1 165 万 m³，径流深 54.2 mm；黑河达溪河以上区 1 133 万 m³，径流深 58.1 mm；黑河达溪河以下区 902 万 m³，径流深 57.4 mm（见表 3-5）。

表 3-5　长武县水资源分区不同频率年天然径流量成果（1956~2015 年）

分区名称	面积/km²	年数/a	统计参数			不同频率年天然径流量/万 m³			
			均值/万 m³	C_v	C_s	20%	50%	75%	95%
司家河、地掌、鸦儿沟区	215	60	1 165	0.8	2.5	1 733	876	504	280
黑河达溪河以上	195	60	1 133	1.0	2.4	1 744	736	362	203
黑河达溪河以下	157	60	902	0.6	3.3	1 231	734	518	388
长武县	567	60	3 200	0.7	2.7	4 610	2 550	1 587	1 004

主要来水量为黑河达溪河以上区,占地表水量的35.4%。各水资源分区径流深差异较小,多年平均径流深最大的是黑河达溪河以上区,径流深为58.1 mm;最小的为司家河、地掌、鸦儿沟区,径流深为54.2 mm。

3.2.1.3 地下水资源量

长武县多年平均地下水资源量为2 132.6万 m^3。各水资源分区浅层地下水资源总量见表3-6。

表3-6 长武县水资源综合利用分区浅层地下水资源总量

水资源利用五级分区	分区代码	山丘区计算面积/km^2	山丘区地下水资源总量/万 m^3
司家河、地掌、鸦儿沟区	D0503201	215	897.1
黑河达溪河以上	D0503202	194	779.4
黑河达溪河以下	D0503203	158	456.1
长武县合计		567	2 132.6

3.2.1.4 水资源总量

长武县多年平均水资源总量为4 549.4万 m^3(见表3-7)。

表3-7 长武县水资源综合利用分区水资源总量

水资源利用五级分区	分区代码	计算面积/km^2	地表水资源量/万 m^3	地下水资源量/万 m^3	地下水资源与地表水资源重复计算量/万 m^3	总水资源量/万 m^3	产水系数
司家河、地掌、鸦儿沟区	D0503201	215	1 165	897.1	233.2	1 828.9	0.16
黑河达溪河以上	D0503202	195	1 133	779.4	291.4	1 621.0	0.15
黑河达溪河以下	D0503203	157	902	456.1	258.6	1 099.5	0.12
长武县合计		567	3 200	2 132.6	783.2	4 549.4	0.15

3.2.2　水功能区水质及变化情况

3.2.2.1　水功能区划

根据 2004 年陕西省人民政府批复的《陕西省水功能区划》和《黄河流域及西北内陆河水功能区划》，长武县涉及水功能区划见表 3-8、表 3-9。

表 3-8　长武县涉及的陕西省黄河流域水功能区划情况

水系	河流	水功能区					
		一级	二级	起始断面	终止断面	河长/km	水质目标
泾河	泾河	咸阳开发利用区	彬县工业、农业用水区	胡家河村	彬县	26.0	Ⅲ
泾河	黑河	黑河长武缓冲区	—	省界(甘)	达溪河入口	22.4	Ⅲ
泾河	黑河	长武开发利用区	长武工业、农业用水区	达溪河口	入泾河口	14.2	Ⅲ
泾河	达溪河	长武缓冲区	—	省界(甘)	入黑河口	13.7	Ⅲ

表 3-9　长武县涉及的黄河流域水功能区划情况

水系	河流	水功能区					
		一级	二级	起始断面	终止断面	河长/km	水质目标
泾河	黑河	黑河甘陕缓冲区	—	梁河	达溪河入口	30	Ⅲ
泾河	黑河	黑河长武开发利用区	黑河长武工业、农业用水区	达溪河口	入泾河口	14.2	Ⅲ
泾河	泾河	泾河咸阳开发利用区	泾河彬县工业、农业用水区	胡家河村	彬县	36.0	Ⅲ

3. 2. 2. 2 水功能区水质

长武县境内彬县工业、农业用水区每月监测 1 次,根据《咸阳市地表水环境质量状况》(2018 年 1~12 月),其评价断面为泾河入咸断面,水质目标为Ⅲ类,采用 COD 和氨氮双因子法进行评价。监测结果显示 2018 年 12 个月达标次数为 9 次,达标率为 75%。

黑河长武工业、农业用水区代表断面为达溪河口断面,根据《咸阳市地表水环境质量状况》(2018 年 1~12 月),长武工业、农业用水区水质目标为Ⅲ类,监测资料显示 2018 年 12 个月中,除 12 月河道断流未做评价外,其余 11 个月水质均达标。根据《2019 年度长武县最严格水资源管理制度工作自查报告》,黑河长武工业、农业用水区监测断面黑河张家桥国控断面 12 次/a,2019 年监测 11 次,达标 10 次,年度达标率为 90. 9%。

3. 3 水资源开发利用现状分析

3. 3. 1 供水工程与供水量

根据长武县水利局调查统计资料,长武县 2019 年总供水量为 2 239 万 m^3。其中地表水源供水量 1 672 万 m^3,占总供水量的 74. 7%;地下水源供水量 519 万 m^3,占总供水量的 23. 2%,雨、污水源供水量 48 万 m^3,占总供水量的 2. 1%(见表 3-10)。

表 3-10 长武县 2015~2019 年供水量统计 单位:万 m^3

年份	地表水源	地下水源	雨、污水源	总供水量
2015	1 291	922	40	2 253
2016	1 073	503	173	1 749
2017	1 394	504	111	2 009
2018	1 444	500	145	2 089
2019	1 672	519	48	2 239

3.3.2　用水量、用水结构和用水水平

3.3.2.1　用水量及用水结构

长武县 2019 年总用水量 2 239 万 m^3。其中:农灌用水 151 万 m^3,林牧渔畜用水 39 万 m^3,工业用水 1 490 万 m^3,城镇公共用水 84 万 m^3,生活用水 392 万 m^3,生态环境补水 83 万 m^3(见表 3-11、图 3-2)。

表 3-11　长武县 2015~2019 年用水量统计　单位:万 m^3

年份	农灌用水	林牧渔畜用水	工业用水	城镇公共用水	生活用水	生态环境补水	总用水量
2015	230	331	1 027	80	545	40	2 253
2016	160	162	1 027	90	254	56	1 749
2017	154	174	1 069	85	481	46	2 009
2018	209	48	1 284	85	384	79	2 089
2019	151	39	1 490	84	392	83	2 239

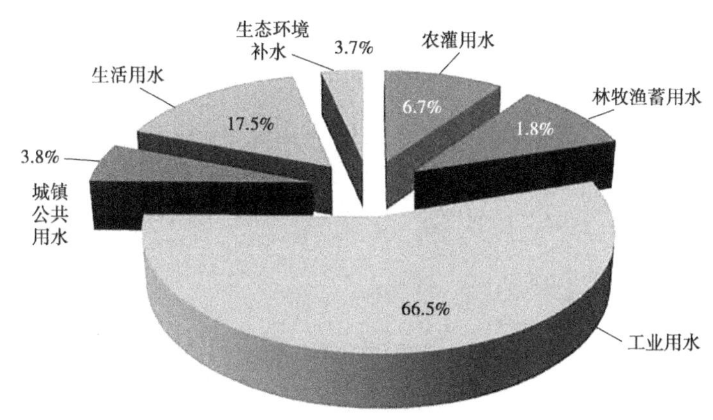

图 3-2　2019 年长武县用水结构示意图

3.3.2.2　现状用水水平分析

现状年 2019 年长武县人均综合用水量为 126.7 m^3,万元 GDP(不

变价)用水量 56.37 m^3,万元工业增加值用水量 25.16 m^3;农田灌溉亩均用水量 113 m^3,农田灌溉水有效利用系数 0.62;城镇居民生活用水指标 129 L/(人·d);农村居民人均生活用水量为 29 L/(人·d)。

2019 年长武县用水水平分析对照见表 3-12。

表 3-12　2019 年长武县用水水平分析对照

项目类型	单位	长武县	咸阳市	全国
人均综合用水量	m^3/人	126.7	206.69	431
万元 GDP 用水量(不变价)	m^3/万元	56.37	41.59	60.8(当年价)
万元工业增加值用水量(不变价)	m^3/万元	25.16	13.58	38.4(当年价)
农田灌溉亩均用水量	m^3/亩	113	196	368
农田灌溉水有效利用系数	—	0.62	0.581	0.559
城镇居民生活用水量(含公共用水)	L/(人·d)	129	—	225
农村居民人均生活用水量	L/(人·d)	29	—	89

经分析,现状水平年长武县人均综合用水量、农田灌溉亩均用水量、低于咸阳市平均值,万元工业增加值用水量高于咸阳市平均值,生活用水水平低于全国平均水平。

3.3.3　存在的主要问题

3.3.3.1　县境内水资源自然分布与经济社会发展布局不协调

长武县全县人均水资源总量 249.6 m^3/人,是我国北方干旱地区典型的水资源紧缺县区,属资源性缺水地区。但分区人均水资源量差异大,社会经济欠发展的黑河达溪河以上流域人均水资源量 551.9 m^3/人,黑河达溪河以下流域人均水资源量 349.0 m^3/人,社会经济中心司家河、地掌、鸦儿沟区人均水资源量只有 150.6 m^3/人。

水资源年内四季分配不均、年际变化大,调蓄工程不足,易造成工程性缺水。例如,黑河张河站年径流量的 60.7%集中在 7~10 月,汛期 6~9 月径流量占年径流量的 48.8%,其径流变差系数 C_v 值为 0.60,年径流量的极值比为 9.4。

3.3.3.2 水资源开发利用的取水水源构成比例失调

长武县的水资源主要是地表水资源,占到总水资源量的 67.8%,现状年水资源开发利用虽然主要以地表水开采为主,但全县地表水资源开发利用量只占地表水资源可利用量的 8.8%。地表水供水又以无调蓄能力的提水、引水工程为主,全县蓄水工程和集雨工程不足,工程性缺水造成水资源大量流失。

3.4 水资源开发利用潜力分析

3.4.1 水资源管理"三条红线"指标及其落实情况

3.4.1.1 长武县水资源管理"三条红线"指标

根据咸阳市水利局《关于下达"十三五"水资源管理控制目标的通知》(咸水发〔2017〕162 号),2019 年长武县全县用水总量控制在 0.42 亿 m^3 以内,地下水开发利用总量控制在 861 万 m^3 以内(见表 3-13),万元 GDP 用水量、万元工业增加值用水量均较 2015 年下降 8%,农田灌溉水有效利用系数达到 0.604。

表 3-13 长武县水资源管理控制指标 单位:万 m^3

年份	用水总量	地下水开发利用总量
2016	2 500	907
2017	3 100	892
2018	3 700	876
2019	4 200	861
2020	4 600	846

3.4.1.2 指标落实情况

根据《长武县2019年度实行最严格水资源管理制度考核工作自查报告》,2019年长武县全县用水总量为2 239万 m^3,地下水开发利用总水量为519万 m^3,万元GDP用水量较2015年下降23.49%,万元工业增加值用水量较2015年下降10.14%,农田灌溉水有效利用系数达0.62,水功能区11次检测结果10次达标。

3.4.2 开发利用潜力分析

经前分析,长武县境内地表水资源量3 200万 m^3,地下水资源量2 132.6万 m^3(可开采量864万 m^3),地下水资源与地表水资源重复计算量783.2万 m^3,水资源总量4 549.4万 m^3。2019年全县各行业总用水量2 239万 m^3,水资源开发利用率为49.2%。

3.4.2.1 节约用水

长武县为干旱地区典型的水资源紧缺县区,属资源性缺水地区。从人均综合用水量、万元GDP用水量、农田灌溉亩均用水量和万元工业增加值用水量等指标分析,尚有一定的节水空间。农业灌溉、生活用水和工业用水等方面应加强节约用水措施,进一步提高农业灌溉效率,促进工业节水技术,减少水资源的浪费。

3.4.2.2 加大非常规水源利用

长武县处于彬长矿区内,拥有多个煤矿企业。由于特殊的水文地质条件,矿井涌水量较大,企业自身回用不完经处理达标后的水排入泾河内,造成了水资源的浪费。对于处理达标后的矿井涌水,可用于对水质要求不高的工业生产、城市绿化喷洒等,从而减少地表水资源的取新量。

3.4.2.3 加强蓄水工程管理

长武县缺少骨干蓄水工程,洪水期水资源流失严重,造成工程性缺水。蓄水工程的建设可有效地调丰补歉,增加地表水资源的利用。现阶段亭口水库建设基本完工,其运行可有效缓解长武县工程性缺水现象,应加强亭口水库管理,合理用水,使其发挥最大的经济效益。

第 4 章　取用水合理性研究

本章内容包括用水节水工艺及技术分析、用水过程及水量平衡分析、现状用水水平评价及节水潜力分析、用水量核定等，具体研究思路如下：

从亭南煤矿所属行业、当地水资源条件、用水节水技术等方面，对照国家、地方相关产业政策、水资源管理要求，分析取用水的合理性；在此基础上，根据煤炭行业相关标准、规范，对各主要用水系统进行详细的分析与核定，对现状的取用水水平进行评价，分析其取用水存在的问题，并提出节水潜力建议，确定合理的取用水量。

4.1　用水节水工艺和技术分析

4.1.1　生产工艺分析

亭南煤矿井下采用走向长壁综合机械化放顶煤采煤法，全部垮落法管理顶板；选煤采用重介浅槽分选工艺，选煤水实现闭路循环不外排。亭南煤矿选用国内成熟、可靠的开采设备，实现全机械化生产，污染物产生量小，产品质量良好。以下分别采用《煤炭产业政策》、《清洁生产标准 煤炭采选业》(HJ 446—2008)、《产业结构调整指导目录(2019 年本)》、《国家能源局 环境保护部 工业和信息化部关于促进煤炭安全绿色开发和清洁高效利用的意见》等对亭南煤矿的生产工艺先进性进行分析。

4.1.1.1　**煤炭产业政策**

《煤炭产业政策》中关于产业技术的规定见表 4-1。

表 4-1　与《煤炭产业政策》中产业技术规定符合性一览表

序号	《煤炭产业政策》规定	亭南煤矿情况	符合性
1	鼓励采用高新技术和先进适用技术,建设高产高效矿井。鼓励发展综合机械化采煤技术,推行壁式采煤。发展小型煤矿成套技术以及薄煤层采煤机械化、井下充填、“三下”采煤、边角煤回收等提高资源回收率的采煤技术	采用走向长壁综合机械化放顶煤采煤工艺,选用国内成熟、可靠的开采设备,实现全机械化生产	符合
2	加快发展安全、高效的井下辅助运输技术、综采设备搬迁技术和装备	大巷煤炭运输采用带式输送机运输,工作面的煤采用转载机运输方式,掘进煤采用综掘机组配套带式输送机运输方式,全部机械化;综采设备搬迁全部自动化	符合
3	发展自动控制、集中控制选煤技术和装备。研制和发展高效干法选煤技术、节水型选煤技术、大型筛选设备及脱硫技术,回收硫资源。鼓励水煤浆技术的开发及应用	采用成熟的重介浅槽汰分选工艺,选煤水实现闭路循环不外排	符合
4	推进煤炭企业信息化建设,利用现代控制技术、矿井通信技术,实现生产过程自动化、数字化。推进建设煤矿安全生产监测监控系统、煤炭产量监测系统和井下人员定位管理系统	已实现生产过程自动化和数字化	符合

4.1.1.2　《清洁生产标准 煤炭采选业》(HJ 446—2008)

《清洁生产标准 煤炭采选业》(HJ 446—2008)给出了煤炭采选行业生产过程清洁生产水平的三级指标,具体如下:一级:国际清洁生产先进水平;二级:国内清洁生产先进水平;三级:国内清洁生产基本水平。

生产工艺与装备要求指标分析见表 4-2。

表 4-2　生产工艺与装备要求指标分析

<table>
<tr><th colspan="2">清洁生产指标等级</th><th>一级</th><th>二级</th><th>三级</th><th>亭南煤矿指标</th><th>等级</th></tr>
<tr><td colspan="2">1. 总体要求</td><td colspan="3">符合国家环保、产业政策要求，采用国内外先进的煤炭采掘、煤矿安全、煤炭储运生产工艺和技术设备。有降低开采沉陷和矿山生态恢复措施及提高煤炭回采率的技术措施</td><td>工艺与设备基本体现了国内同类矿井的生产水平发展趋势，符合国家产业政策</td><td>符合</td></tr>
<tr><td rowspan="4">2. 井工煤矿工艺与装备</td><td>煤矿机械化掘进比例/%</td><td>≥95</td><td>≥90</td><td>≥70</td><td>95（配备炮掘设备，但炮掘量少）</td><td>一级</td></tr>
<tr><td>煤矿综合机械化采煤比例/%</td><td>≥95</td><td>≥90</td><td>≥70</td><td>100</td><td>一级</td></tr>
<tr><td>井下煤炭输送工艺及装备</td><td>长距离井下至井口带式输送机连续运输（实现集控）；
立井采用机车牵引矿车运输</td><td>采区采用带式输送机，井下大巷采用机车牵引矿车运输</td><td>采用以矿车为主的运输方式</td><td>长距离井下至井口带式输送机连续运输，并实现集控</td><td>一级</td></tr>
<tr><td>井巷支护工艺及装备</td><td>井筒岩巷采用光爆锚喷、锚杆、锚索等支护技术，煤巷采用锚网喷或锚网、锚索支护；斜井明槽开挖段及立井井筒采用砌壁支护</td><td>大部分井筒岩巷采用光爆锚喷、锚杆、锚索等支护技术，煤巷采用锚网喷或锚网支护，部分井筒及大巷采用砌壁支护，采区巷道采用金属棚支护</td><td>部分井筒岩巷采用光爆锚喷、锚杆、锚索等支护技术，煤巷采用锚网喷或锚网支护，大部分井筒及大巷采用砌壁支护，采区巷道采用金属棚支护</td><td>井筒采用钢筋混凝土双层井壁支护；煤巷采用半圆拱形断面，锚网喷支护方式</td><td>一级</td></tr>
</table>

续表 4-2

<table>
<tr><th colspan="2">清洁生产指标等级</th><th>一级</th><th>二级</th><th>三级</th><th>亭南煤矿指标</th><th>等级</th></tr>
<tr><td rowspan="2">3. 储煤装运系统</td><td>储煤设施工艺及装备</td><td colspan="2">筒仓或全封闭的储煤场</td><td>筒仓或全封闭的储煤场及挡风抑尘措施和洒水喷淋装置的储煤场</td><td>原煤进筒仓</td><td>一级</td></tr>
<tr><td>煤炭装运</td><td>有铁路专用线,铁路快速装车系统、汽车公路外运采用全封闭车厢,矿山到公路运输线必须硬化</td><td>有铁路专用线,铁路一般装车系统、汽车公路外运采用全封闭车厢,矿山到公路运输线必须硬化</td><td>公路外运采用全封闭车厢或加遮苫汽车运输,矿山到公路运输线必须硬化</td><td>公路外运采用全封闭车厢或加遮苫汽车运输</td><td>三级</td></tr>
<tr><td colspan="2">4. 原煤入选率/%</td><td colspan="2">100</td><td>≥80</td><td>选煤厂规模与煤矿规模配套,原煤100%入选</td><td>一级</td></tr>
<tr><td rowspan="2">5. 原煤破碎筛分分级</td><td>防噪声措施</td><td colspan="3">破碎机、筛分机采用先进的减振技术,橡胶筛板溜槽转载部位采用橡胶铺垫,设立隔音操作间</td><td>破碎机、筛分机采用先进的减振技术,橡胶筛板溜槽转载部位采用橡胶铺垫,设立隔音操作间</td><td>一级</td></tr>
<tr><td>除尘措施</td><td>破碎机、筛分机、皮带运输机、转载点全部封闭作业,并设有除尘机组,车间设机械通风措施</td><td>破碎机、筛分机加集尘罩并设有除尘机组,带式运输机、转载点设喷雾降尘系统</td><td>破碎机、筛分机、带式运输机、转载点设喷雾降尘系统</td><td>破碎机、筛分机、皮带运输机、转载点全部封闭作业,并且除尘机组车间设机械通风措施</td><td>一级</td></tr>
<tr><td colspan="2">6. 原煤生产水耗/(m^3/t)</td><td>≤0.1</td><td>≤0.2</td><td>≤0.3</td><td>0.095</td><td>一级</td></tr>
<tr><td colspan="2">7. 选煤补水量/(m^3/t)</td><td colspan="2">≤0.1</td><td>≤0.15</td><td>0.089</td><td>一级</td></tr>
</table>

4.1.1.3　产业结构调整指导目录(2019 年本)

《产业结构调整指导目录(2019 年本)》中关于煤炭生产工艺的规定见表 4-3。

表 4-3　与《产业结构调整指导目录(2019 年本)》符合性一览表

序号	《产业结构调整指导目录(2019 年本)》鼓励类规定	亭南煤矿情况	符合性
1	矿井灾害(瓦斯、煤尘、矿井水、火、围岩、地温、冲击地压等)防治	属高瓦斯矿井,在工业场地和风井场地建有 2 处地面固定式瓦斯抽采站和瓦斯发电站,对瓦斯进行综合利用	符合
2	煤层气勘探、开发、利用和煤矿瓦斯抽采、利用		符合
3	地面沉陷区治理、矿井水资源保护与利用	设置有专门部门对沉陷区进行治理和搬迁;采用了限高开采技术,矿井涌水最大化回用自身生产	符合
4	煤矿生产过程综合监控技术、装备开发与应用	已实现生产过程自动化和数字化	符合
5	非常规水源的开发利用	将矿井水、生活污水复用进行生产,充分利用非常规水源	符合

4.1.1.4　国家能源局等部门相关要求

根据《国家能源局 环境保护部 工业和信息化部关于促进煤炭安全绿色开发和清洁高效利用的意见》(国能煤炭〔2014〕571 号):2020 年全国煤矿采煤机械化程度达到 85%以上,掘进机械化程度达到 62%以上,厚及特厚煤层回采率达到 70%以上,原煤入选率达到 80%以上,煤矿稳定塌陷土地治理率达到 80%以上,排矸场和露天矿排土场复垦率达到90%以上。

(1)亭南煤矿采煤机械化程度达到100%,掘进机械化程度达到95%以上,采区回采率大于或等于76%,原煤入选率为100%。

(2)亭南煤矿在回采工作面地表建立了地表移动观测站,观测数据表明,地面受采煤塌陷影响较小,属于非充分采动。目前,井田范围内土地破坏等级为轻度,即地面有轻微的变形,但不影响林地、草地等植被的生长,不影响耕地的耕种,故暂未实施相关土地复垦项目。

(3)亭南煤矿井下掘进工作面矸石全部用于置换充填,实现了矸石不上井、绿色开采的目标;洗选矸石一部分用于新建风井工业广场铺设、铺路等工程用原材料,剩余部分运至陆家沟矸石场,并及时采取推平、碾压、覆土等措施,确保矸石不会发生自燃。

(4)受陕西省国土资源厅委托,陕西省国土资源资产利用研究中心于2016年10月9日组织专家对亭南煤矿国家绿色矿山试点工作建设情况进行初步评估,主要结论为:该矿山能够按计划实施绿色矿山建设规划,目标任务完成较好,已达到国家级绿色矿山条件。

综上分析,从《煤炭产业政策》、《清洁生产标准 煤炭采选业》(HJ 446—2008)、《产业结构调整指导目录(2019年本)》、《国家能源局 环境保护部 工业和信息化部关于促进煤炭安全绿色开发和清洁高效利用的意见》等相关规定来看,亭南煤矿的工艺与设备基本体现了国内同类矿井的生产水平发展趋势,符合国家产业政策。

4.1.2 用水工艺和节水技术分析

亭南煤矿生活用水包括了矿区生活用水、单身宿舍用水、食堂用水、洗衣洗浴用水、招待所用水等;生产用水主要包括井下洒水、灌浆用水、瓦斯抽采及发电补水、选煤厂补水等;其他用水包括地面及道路洒水和绿化用水等。

经研究确定,亭南煤矿生活用水、单身宿舍用水、招待所和食堂用水等与人体直接接触的用水环节采用地下水供水,其余用水(包括生活及办公区冲厕)均采用经处理后的矿井涌水。

以下分别采用《中国节水技术政策大纲》(国家发改委2005年第

17 号)、《国家鼓励的工业节水工艺、技术和装备目录(第一批)》(水利部 2014 年第 9 号)和《产业结构调整指导目录(2019 年本)》对亭南煤矿的用水工艺和节水技术先进性进行分析。

4.1.2.1　中国节水技术政策大纲

《中国节水技术政策大纲》中涉及煤炭采选的节水工艺和技术见表 4-4。

表 4-4　与《中国节水技术政策大纲》中有关规定符合性一览表

序号	《中国节水技术政策大纲》规定	亭南煤矿情况	符合性
1	发展外排废水回用和“零排放”技术。鼓励和支持企业外排废(污)水处理后回用,大力推广外排废(污)水处理后回用于循环冷却水系统的技术。在缺水以及生态环境要求高的地区,鼓励企业应用废水“零排放”技术	经合理性分析,亭南煤矿生产生活废污水经处理后全部回用不外排;经处理后的矿井涌水大量回用于生产和生活,减少了外排矿井涌水量	符合
2	鼓励发展高效环保节水型冷却塔和其他冷却构筑物。优化循环冷却水系统,加快淘汰冷却效率低、用水量大的冷却池、喷水池等冷却构筑物。推广高效新型旁滤器,淘汰低效反冲洗水量大的旁滤设施	传统水环式瓦斯抽采泵开式循环系统冷却,容易结垢,水垢会堵塞孔道、间隙,粘牢零件结合面,影响泵的工作性能,同时排水量较大。亭南煤矿瓦斯抽采泵选用带有冷却塔的闭式水环真空瓦斯抽采泵系统,其特点有:①降温效果明显;②冷却水循环利用,节水效果显著;③采用了经处理后的矿井涌水作为供水水源	符合

续表 4-4

序号	《中国节水技术政策大纲》规定	亭南煤矿情况	符合性
3	发展空气冷却技术。在缺水以及气候条件适宜的地区推广空气冷却技术。鼓励研究开发运行高效、经济合理的空气冷却技术和设备	亭南煤矿风机等大型送风设备冷却均采用了空气冷却设备，大大节约了水量补给	符合
4	发展采煤、采油、采矿等矿井水的资源化利用技术。推广矿井水作为矿区工业用水和生活用水、农田用水等替代水源应用技术	经合理性分析，亭南煤矿除涉及与人直接接触的用水外，其余生产生活用水均采用了经处理后废污水和矿井水供水，企业内部已实现中水高效利用	符合
5	发展煤炭生产节水工艺。推广煤炭采掘过程的有效保水措施，防止矿坑漏水或突水。开发和应用对围岩破坏小、水流失少的先进采掘工艺和设备。开发和应用动筛跳汰机等节水选煤设备。开发和应用干法选煤工艺和设备。研究开发大型先进的脱水和煤泥水处理设备	亭南煤矿生产过程中采用了限高开采、条带开采等保水采煤工艺，选用的掘进设备均为目前主流成熟设备，选煤采用重介浅槽分选工艺，煤泥水实现闭路循环不外排	符合

4.1.2.2 《产业结构调整指导目录(2019 年本)》

《产业结构调整指导目录(2019 年本)》中涉及的煤炭行业节水工艺和技术见表 4-5。

表 4-5　与《产业结构调整指导目录(2019 年本)》节水工艺符合性一览表

序号	《产业结构调整指导目录(2019 年本)》	亭南煤矿情况	符合性
鼓励类			
1	地面沉陷区治理、矿井水资源保护与利用	生产过程中采用了限高开采、条带开采等保水采煤工艺;除生活用水、单身宿舍用水、招待所和食堂用水等采用地下水供水外,其余用水均采用经处理后的矿井涌水供给	符合
2	重复用水技术应用	瓦斯抽采泵选用带有冷却塔的闭式水环真空瓦斯抽采泵系统,采用了经处理后的矿井涌水作为供水水源,实现了重复利用;同时从整个煤矿分析,核定后的矿井涌水经处理后大量回用自身,也是重复用水技术的应用	符合
3	微咸水、苦咸水、劣质水、海水的开发利用及海水淡化综合利用工程	建有矿井水处理站一座,规模 3 100 m^3/h,采用磁分离工艺,矿井水经处理达标后最大化回用自身生产	符合
淘汰类			
4	不能实现洗煤废水闭路循环的选煤工艺	采用重介浅槽分选工艺,煤泥水闭路循环不外排	不符合

4.2　用水过程及水量平衡分析

亭南煤矿为已建煤矿,本次水量平衡主要是对亭南煤矿和选煤厂以及生活用水等开展用水量监测和复核,重点分析选煤厂、井下降尘喷雾、采煤机冷却、黄泥灌浆、瓦斯抽采、瓦斯发电等多个用水环节的实际用水量,做出亭南煤矿实际水量平衡图表,开展现状用水水平评估,查找节水潜力及问题。

4.2.1 水平衡分析及现状水量平衡

4.2.1.1 资料收集及整理

(1)收集亭南煤矿立项、初设批复、环评批复、竣工环保验收批复等。

(2)收集亭南煤矿建设规模、建设年限、工艺流程、主要生产装置、经济技术指标、项目占地及土地利用情况、工作制度及劳动定员等资料。

(3)收集用水工艺及用水设备的资料,掌握项目的取水情况、用水系统、耗水系统及退水情况。①查清矿区各种水源(井下涌水、地下水源井)情况,包括取水许可情况、实际供水能力、管线布置、水质情况等。统计矿井建成以来矿井涌水及水源井的用水情况和对应产量。②收集项目用水系统相关资料、计量水表配备情况资料,含水表型号、位置。亭南煤矿主要包含三类用水:一是生产用水,包括选煤厂、黄泥灌浆站、锅炉、瓦斯抽采站、井下洒水等生产系统的用水和循环用水;二是生活用水,包括办公楼、职工宿舍、食堂、联建楼、招待所等生活系统用水;三是其他用水,包括道路洒水、绿化用水等。③主要调查排水、耗水系统的设备和设施的技术参数,近年主要排水单元的排水水量统计,并收集企业供排水管网图。收集矿井涌水、生活污水处理厂废污水处理工艺的资料,退水去向资料;收集事故工况退水措施、应急预案等资料。

4.2.1.2 现场查勘

(1)查清亭南煤矿生活用水系统、生产用水系统、用水工艺及用水设备的基础情况。

(2)对亭南井田、工业场地、排矸场、污水处理站、入河排污口等处进行查勘,了解区域的地形地貌和布局情况,复核亭南煤矿及选煤厂建设项目生产规模、生产工艺、主要生产设备情况、投产日期及各主要技术规范,包括水量、水质等技术数据和要求。

(3)根据水平衡分析工作需要,对亭南煤矿办公楼生活用水进行检测。采样时间为2020年9月8日,样品采集完成后即刻送往第三方机构检测,依据《生活饮用水卫生标准》(GB 5749—2006)选取监测因子。

(4)现场核查亭南煤矿水计量管理和器具配备情况,主要包括水表数量、安装地点、完好率等,并提出整改意见。

4.2.1.3　水平衡分析方法

亭南煤矿用水为非稳态,具有不稳定的特点,考虑矿区主要用水装置水计量器具配备情况完好、用水台账齐全,本次水平衡分析结合长系列资料,采用分析统计的方法确定,并使用超声波流量计进行测试复核。

生活系统、选煤厂、井下洒水等用水量采用 2019 年取水台账,井下排水量采用 2019 年取水台账,其他用水、排水系统水量为现场调研综合分析所得。

经分析,亭南煤矿非采暖期与采暖期相比用水变化不大,采暖期水平衡分析用水是在非采暖期的基础上根据煤矿之前采暖期用水数据计算求出。

4.2.1.4　水平衡分析单元与节点的选择

根据亭南煤矿用水系统特征划分水平衡分析体系,即确定分析对象,划出水平衡分析范围和边界。根据实际情况划分亭南煤矿水系统为二级体系,分析结果整理时,再归结到要求的二级水平衡。亭南煤矿供水水源(自备水源井和矿井涌水)作为一级体系;厂区内各用水单元作为二级体系。

亭南煤矿用水子系统包括生活用水系统、生产用水系统。用水单元包括食堂用水、职工宿舍用水、办公楼用水、招待所用水、洗衣房用水、浴室用水、瓦斯抽采用水、绿化洒水、地面及道路洒水、井下洒水、选煤厂补水、黄泥灌浆用水、消防水池等。亭南煤矿水量平衡节点示意见图 4-1。

4.2.1.5　水平衡分析计量仪表配备

(1)用水单位水计量表要求配备率、合格率、检测率均达到 100%。

(2)水表的精确度不应低于±2.5%,水表的记录要准确。

(3)用辅助方法测量时,要选取负荷稳定的用水工况进行测量,其数据不少于 5 次测量值,取其平均。

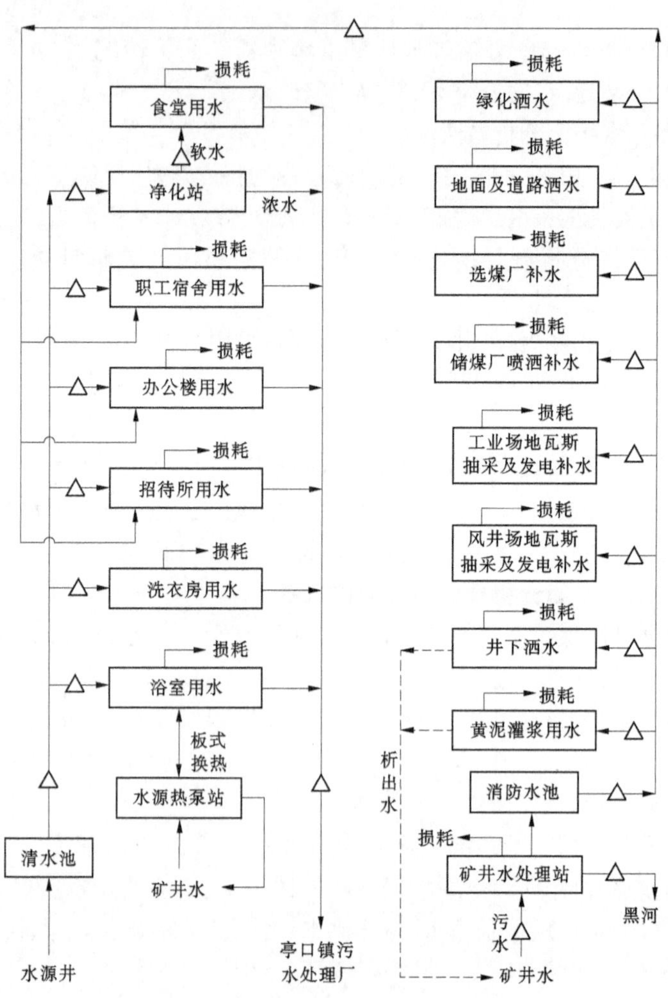

图 4-1 亭南煤矿水量平衡节点示意图

(4)本次试验仪器配备:

①手持式超声波流量计。

生产厂家:大连海峰仪器发展有限公司;型号:TDS-100H。

②温度计、秒表、皮尺、电导率仪等。

4.2.1.6　分析过程

本次水平衡分析组织工作人员于 2020 年 9 月 8、9 日前往亭南煤矿和选煤厂对生产用水和生活用水进行调研和分析，收集各用水单元的用水台账资料，统计分析各用水单元之间的平衡关系。

亭南煤矿已稳定运行多年，其生活及部分生产系统有相对完整的用水统计数据。由于煤矿部分用水单元为间歇性用水，为合理反映亭南煤矿现状用水情况，研究根据煤矿各用水单元特点，通过对近几年用水台账统计分析，结合现场调研及测试情况，完成了亭南煤矿现状水平衡分析工作。其中，生活系统、选煤厂、井下洒水等用水量采用 2019 年用水台账，井下排水量采用 2020 年实际值，其他用水、排水系统水量为现场综合分析、测试所得。

4.2.1.7　水平衡分析结果

经对亭南煤矿整体的水平衡分析，现状亭南煤矿各系统取新水量为 56 759 m^3/d。其中，水源井地下水 828 m^3/d，矿井涌水 55 931 m^3/d（2019 年月均矿井涌水量）；现状外排黑河水量采暖期为 51 329 m^3/d，非采暖期为 50 837 m^3/d。

亭南煤矿水量平衡统计见表 4-6 和表 4-7，亭南煤矿现状水量平衡见图 4-2 和图 4-3。

4.2.2　各用水环节用水量分析

根据前述水平衡分析结果、现状用水数据，比照国家及行业有关标准规范要求、先进用水工艺、节水措施及用水指标，对各系统的用、耗、排水量进行分析。

4.2.2.1　生活用水系统

生活用水系统包括职工宿舍用水、办公楼用水、食堂用水、洗浴用水、洗衣房用水、招待所用水等。

1. 职工宿舍用水

亭南煤矿现有 2 759 人驻矿生活，经分析统计数据，职工宿舍（见图 4-4）用水为 325 m^3/d（水源井 135 m^3/d、处理后的矿井水 190 m^3/d），推算其用水指标为 117.8 L/（人·d），低于《建筑给水排水设

表 4-6 亭南煤矿采暖期水量平衡统计 单位:m³/d

序号	用水项目	取新水量		用水量（含回用水）	耗水量	回用量	排水量	备注
		地下水	矿井水					
1	浴室用水	330	0	330	17	0	313	至亭口镇生活污水处理厂
2	洗衣房用水	128	0	128	10	0	118	
3	招待所用水	2	0	4	0.2	2	3.8	
4	办公楼用水	2	0	15	1	13	14	
5	职工宿舍用水	135	0	325	16	190	309	
6	食堂用水	0	0	185	37	185	148	
7	黄泥灌浆用水	0	0	96	48	96	48	至矿井水处理站
8	井下洒水	0	0	1 959	1 409	1 959	550	
9	风井场地瓦斯抽采及发电补水	0	0	21	21	21	0	
10	工业场地瓦斯抽采及发电补水	0	0	280	280	280	0	
11	储煤场喷洒补水	0	0	80	80	80	0	
12	选煤厂补水	0	0	1 362	1 362	1 362	0	
13	地面及道路洒水	0	0	40	40	40	0	
14	绿化洒水	0	0	0	0	0	0	
小计		597	0	4 825	3 321.2	4 228	1 503.8	
15	净化站	231	0	231	0	0	231	软水回用食堂,浓盐水至生活污水处理厂
16	矿井水处理站	0	55 931	55 931	559	0	55 372	回用至生产生活,多余外排
合计		828	55 931	60 987	3 880.2	4 228	57 106.8	
说明		矿井涌水量 55 931,处理损失 559,回用于生产、生活 4 043,外排黑河 51 329;生活污水 951.8,排至亭口镇生活污水处理厂						

根据《企业水平衡测试通则》(GB/T 12452—2008):1.用水量是指在确定的用水单元或系统内,使用的各种水量的总和,即新水量和重复利用水量之和。2.新水量是指企业内用水单元或系统取自任何水源被该企业第一次利用的水量。3.重复利用水量为循环水量和串联水量的总和。4.回用水量是指企业产生的排水,直接或经处理后再利用于某一用水单元或系统的水量。5.耗水量是指在确定的用水单元或系统内,生产过程中进入产品、蒸发、飞溅、携带及生活饮用等所消耗的水量。6.排水量是指对于确定的用水单元或系统,完成生产过程和生产活动之后排出企业之外以及排出该单元进入污水系统的水量

表 4-7　亭南煤矿非采暖期水量平衡统计　　单位：m^3/d

序号	用水项目	取新水量		用水量（含回用水）	耗水量	回用量	排水量	备注
		地下水	矿井水					
1	浴室用水	330	0	330	17	0	313	至亭口镇生活污水处理厂
2	洗衣房用水	128	0	128	10	0	118	
3	招待所用水	2	0	4	0.2	2	3.8	
4	办公楼用水	2	0	15	1	13	14	
5	职工宿舍用水	135	0	325	16	190	309	
6	食堂用水	0	0	185	37	185	148	
7	黄泥灌浆用水	0	0	96	48	96	48	至矿井水处理站
8	井下洒水	0	0	1 959	1 409	1 959	550	
9	风井场地瓦斯抽采及发电补水	0	0	40	40	40	0	
10	工业场地瓦斯抽采及发电补水	0	0	303	303	303	0	
11	储煤场喷洒补水	0	0	200	200	200	0	
12	选煤厂补水	0	0	1 362	1 362	1 362	0	
13	地面及道路洒水	0	0	140	140	140	0	
14	绿化洒水	0	0	230	230	230	0	
小计		597	0	5 317	3 813.2	4 720	1 503.8	
15	净化站	231	0	231	0	0	231	软水回用食堂，浓盐水至生活污水处理厂
16	矿井水处理站	0	55 931	55 931	559	0	55 372	回用至生产生活，多余外排
合计		828	55 931	61 479	4 372.2	4 720	57 106.8	
说明		矿井涌水量 55 931，处理损失 559，回用于生产、生活 4 535，外排黑河 50 837；生活污水 951.8，排至亭口镇生活污水处理厂						

根据《企业水平衡测试通则》（GB/T 12452—2008）：1. 用水量是指在确定的用水单元或系统内，使用的各种水量的总和，即新水量和重复利用水量之和。2. 新水量是指企业内用水单元或系统取自任何水源被该企业第一次利用的水量。3. 重复利用水量为循环水量和回用水量的总和。4. 回用水量是指企业产生的排水，直接或经处理后再利用于某一用水单元或系统的水量。5. 耗水量是指在确定的用水单元或系统内，生产过程中进入产品、蒸发、飞溅、携带及生活饮用等所消耗的水量。6. 排水量是指对于确定的用水单元或系统，完成生产过程和生产活动之后排出企业之外以及排出该单元进入污水系统的水量

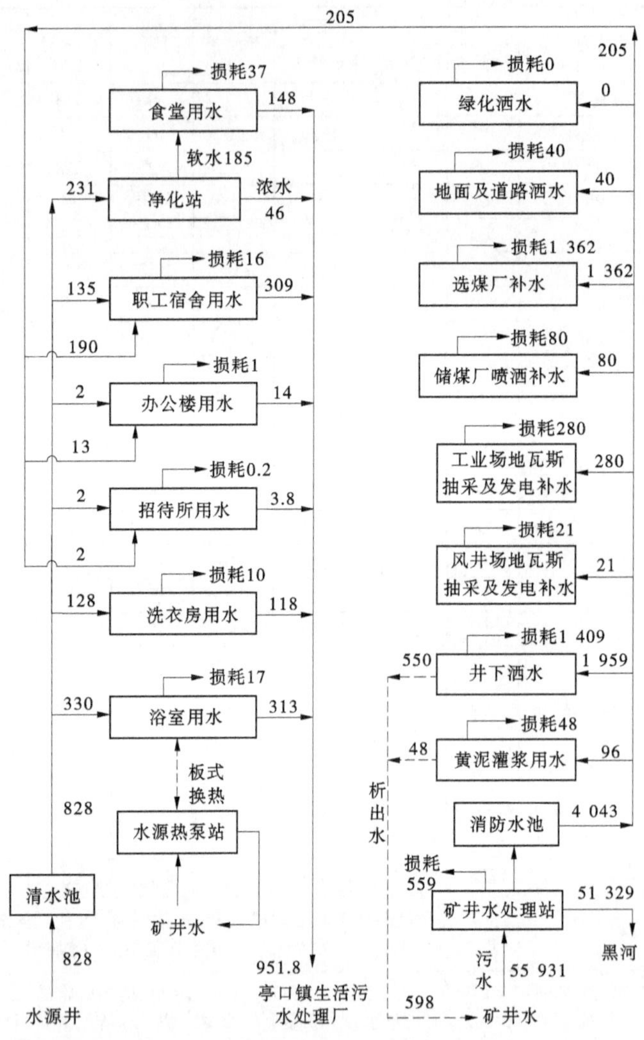

图 4-2　亭南煤矿现状采暖期水量平衡图　（单位：m^3/d）

计标准》(GB 50015—2019)规定的“宿舍Ⅲ、Ⅳ类用水定额 100～150 L/(人·d)”标准。

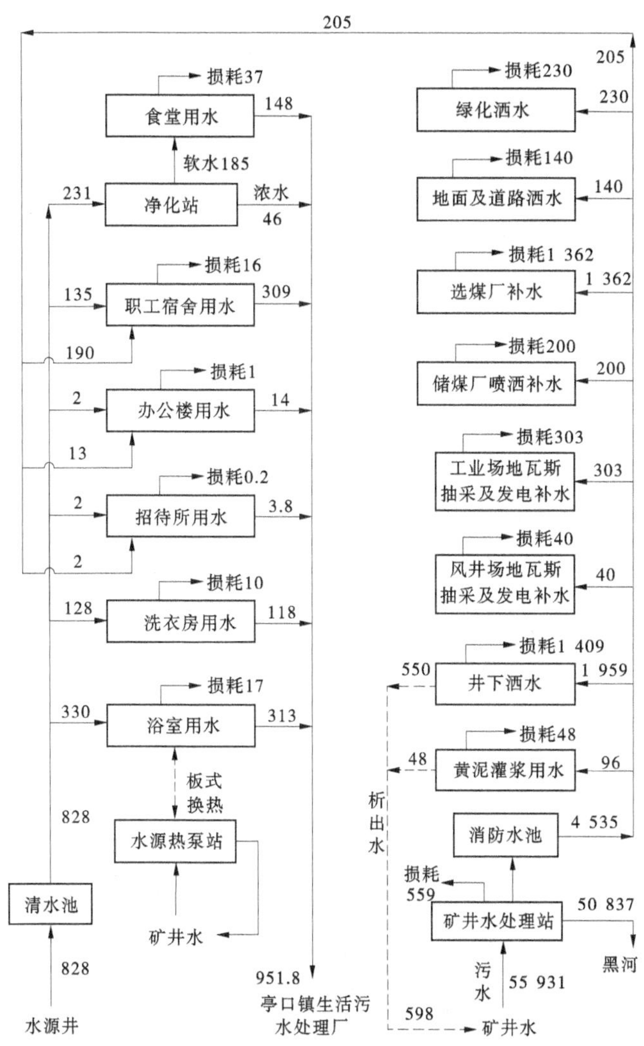

图 4-3　亭南煤矿现状非采暖期水量平衡图　（单位：m^3/d）

2. 办公楼用水

办公楼（见图 4-5）用水主要为管理和服务人员的冲厕、洗手、拖地

图 4-4 亭南煤矿职工宿舍

等,人数为 300,用水量为 15 m^3/d(水源井 2 m^3/d、处理后的矿井水 13 m^3/d),反推其用水指标为 50 L/(人·d),满足《煤炭工业矿井设计规范》(GB 50215—2015)中“职工日常生活用水为 30~50 L/(人·班)”及《建筑给水排水设计标准》(GB 50015—2019)中“办公楼用水为 30~50 L/(人·班)”的要求。考虑到其水源主要为处理后的矿井水,认为用水基本合理。

图 4-5 亭南煤矿办公楼

3. 食堂用水

食堂用水是经反渗透过滤的水源井地下水,水质较好。经统计,职工食堂有 2 759 人用餐,用水量为 185 m^3/d,反推用水指标为 33.5

L/(人·餐)(按两餐计),高于《煤炭工业矿井设计规范》(GB 50215—2015)"食堂生活用水为 20~25 L/(人·餐),日用水量按日出勤总人数、每人每天两餐计算"的要求。

亭南煤矿职工多为外地职工,日常管理较为严格,考虑到职工的一日三餐[用水量为 22.3 L/(人·餐)]全部在矿区食堂,认为其用水合理。

4. 浴室用水

工业场地浴室主要承担井下工人和地面职工的洗浴任务,有沐浴喷头 120 个,池浴面积合计 60 m^2,统计用水量 330 m^3/d。经计算,用水满足《煤炭工业矿井设计规范》(GB 50215—2015)"淋浴器水量 540 L/(只·h),每班 1 h;池浴面积×0.7 m,每日充水 3 次"的要求。

5. 洗衣房用水

亭南煤矿井下工人 1 200 人,为方便井下工人清洗工作服,工业场地设有职工洗衣房一间(见图 4-6),用水量 128 m^3/d。根据《煤炭工业矿井设计规范》(GB 50215—2015)"洗衣用水 80 L/(kg·干衣),按全矿井下井人员 1.5 kg/(人·d 干衣计)"的要求,推算出洗衣用水为 144 m^3/d,与现状用水量相差不大。

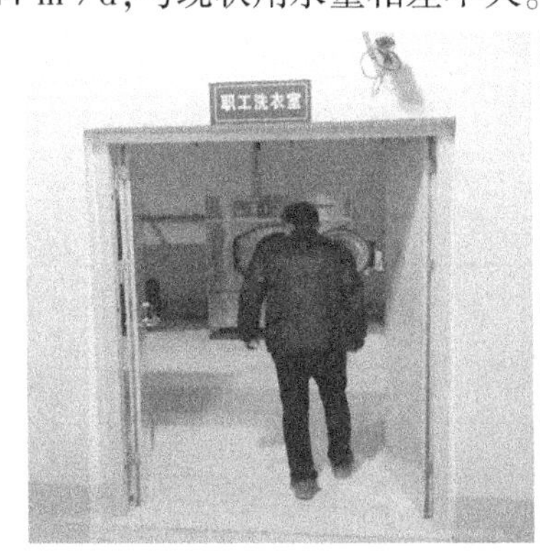

图 4-6　洗衣房实景

6. 招待所用水

矿区招待所设有标准间 35 间,单人间 10 间,套房 3 间,主要承担上级部门和地方相关部门检查、厂方服务等人员的接待住宿任务,经查阅近年台账,住宿人数折合每天约 45 人,按照《陕西省行业用水定额》

(DB 61/T 943—2014)中“关中地区一般旅馆用水定额为 90 L/(床·d)”的要求,推算矿区招待所用水为 4.0 m^3/d(水源井 2.0 m^3/d、处理后的矿井水 2.0 m^3/d)。

4.2.2.2 生产用水系统

生产系统用水主要包括井下洒水、黄泥灌浆用水、工业场地瓦斯抽采及发电补水和选煤厂补水等。

1. 井下洒水

亭南煤矿井下现有 MG400/930-WD 双滚筒交流电牵引采煤机 2 台,采用中部手控、两端电控、无线摇控操纵方式,泵工作压力 23 MPa(最高压力 25 MPa),采用内、外喷雾灭尘方式,内喷雾工作压力不小于 2 MPa、外喷雾工作压力不小于 4 MPa,喷雾流量与机型相匹配;采用 ZF10000/20/38 型放顶煤液压支架支护顶板,运输顺槽端头采用 ZTZ26000/24040 型端头支护,运输顺槽和回风顺槽超前段采用 ZCZ12700/24040 型超前支护,由转载点转至胶带运输机进行原煤运输的综采工作面配套方式,每个支架设 2 组喷雾,每组 2 个喷头。工作面前后部刮板运输机头及各转载点均安装装载喷雾装置,综掘工作面综掘机使用内外喷雾,距迎头 30 m 和 50 m 内各安设 1 组风流净化水幕。

井下洒水主要用于回采和综掘工作面的降尘喷雾及巷道冲洗,洒水量为 1 959 m^3/d,井下各用水单元水量统计见表 4-8。

表 4-8 井下各用水单元水量统计

序号	名称	用水定额/(L/min)	设施数量	日工作时间/h	用水量/(m^3/d)
1	喷雾泵站	315	4	8	605
2	支架喷雾	35	6	10	126
3	破碎机	80	2	10	96
4	煤电钻	5	8	8	19.2
5	混凝土施工用水量	25	2	10	30
6	运输机转载点喷雾	18	17	16	293.8
7	大巷转载点喷雾	18	12	24	311
8	冲洗巷道用水量	20	8	3	28.8

续表 4-8

序号	名称	用水定额/(L/min)	设施数量	日工作时间/h	用水量/(m^3/d)
9	风流净化水幕	18	8	16	138.2
		18	12	24	311
井下用水合计		—	—	—	1 959

本次工作于 2020 年 9 月进行了原煤生产耗水量试验,试验原理如下:

原煤生产耗水量=原煤带走水量+通风耗水量+黄泥灌浆耗水量

原煤带走水量=原煤产量×(升井煤含水率-井下原煤含水率)

通风耗水量=通风量×(回风井绝对湿度-进风井绝对湿度)

=通风量×(回风井空气饱和含水率×回风井相对湿度-进风井空气饱和含水率×进风井相对湿度)

黄泥灌浆析出比=析出清水重量/黄泥浆总重量

亭南煤矿试验数据与结果见表 4-9。

表 4-9　亭南煤矿试验数据与结果

<table>
<tr><td colspan="6">原煤带走水量试验数据</td></tr>
<tr><td colspan="2">综采面原煤含水率/%</td><td colspan="2">升井煤含水率/%</td><td>年产量/万 t</td><td>原煤带走水量/(t/d)</td></tr>
<tr><td colspan="2">4.63</td><td colspan="2">13.2</td><td>505.7</td><td>505.7×10⁴×(13.2%-4.63%)/330=1 313</td></tr>
<tr><td colspan="6">通风耗水量试验数据</td></tr>
<tr><td>进风温度/℃</td><td>进风相对湿度/%</td><td>回风温度/℃</td><td>回风相对湿度/%</td><td>通风量/(m³/min)</td><td>通风耗水量/(t/d)</td></tr>
<tr><td>31.0</td><td>47.5</td><td>23.8</td><td>86.2</td><td>20 000</td><td>(21.306×86.2%-31.702×47.5%)×2×10⁴×60×24/10⁶=95.3</td></tr>
<tr><td colspan="6">原煤生产水耗</td></tr>
<tr><td colspan="6">原煤生产水耗=(1 313+95.3+48)/505.7/1 000=0.095(m³/t)</td></tr>
</table>

2. 黄泥灌浆用水

亭南煤矿开采煤层属易自燃煤层，本着预防为主的方针，针对煤层自燃发火，采取灌浆、注氮等防灭火的安全措施，在工业场地和风井场地分别设置黄泥灌浆站（见图 4-7、图 4-8）。工业场地黄泥灌浆站配备 4 座注浆池（1.9 m×1.1 m×2 m）和 4 台泥浆搅拌机，风井场地灌浆配备 4 座注浆池（23 m×3.0 m×2.3 m）和 4 台泥浆搅拌机（NJB-10）。

图 4-7 工业场地黄泥灌浆站

灌浆站以黄土为灌浆材料，采用采空区埋管灌浆的方法进行预防性灌浆，回采工作面随采随灌，灌浆工作制度为每天三班工作，灌浆时间为 16 h，灌浆量约 576 m^3/d，灌浆泥水比取 1∶5，灌浆水量为 96 m^3/d；估算灌浆析出水约 48 m^3/d，灌浆耗水约 48 m^3/d。

3. 工业场地瓦斯抽采及发电补水

亭南煤矿属高瓦斯矿井，瓦斯相对涌出量为 18.59 m^3/t，绝对涌出量为 104.20 m^3/min。为有效利用瓦斯，亭南煤矿在工业场地和风井场地各建有瓦斯抽采及综合利用工程，即利用抽排低浓度瓦斯作为燃料进行发电。

工业场地瓦斯抽采及发电工程位于工业场地西南角塬上张家嘴村，占地面积 3.1 hm^2，水源来自矿井水。瓦斯抽采系统于 2009 年建成运行，瓦斯发电设计安装 24 台 500GF1-3RW 型瓦斯发电机组，总装机容量达到 12 000 kW，实际安装 12 台，其中前期 8 台机组于 2010 年 9 月运行，后续 4 台机组于 2012 年 7 月投入运行。

风井场地瓦斯抽采及发电工程位于工业场地西侧 4 km 处的中塬

(a)黄泥灌浆站

(b)现场查验

(c)管理制度

(d)液态二氧化碳防灭火系统

图4-8 风井场地黄泥灌浆站

风井场地内，占地1.3 hm^2，水源来自井下清水。瓦斯抽采系统于2014年建成运行，瓦斯发电机组已基本安装完工，目前尚未运行发电。

1）瓦斯抽采补水

瓦斯具有爆炸性和可燃性，在抽放时不能产生高温高压现象，为避免火源和机械火花及高温，进行瓦斯抽放时，选用水环式真空瓦斯抽放泵，该泵在抽放瓦斯时，以水为介质，可避免燃烧和爆炸事故。传统水环式瓦斯抽采泵采用一般工业用水供水、开式循环系统，水环式瓦斯抽采泵使用一段时间后容易结垢，水垢会堵塞孔道、间隙，粘牢零件结合面，影响泵的工作性能，同时排水量较大。

亭南煤矿瓦斯抽采泵选用带有冷却塔的闭式水环真空瓦斯抽采泵系统，其特点有：①降温效果明显；②冷却水循环利用，节约水资源。地面瓦斯抽采系统工作示意图见图4-9，地面瓦斯抽采站实景见图4-10。

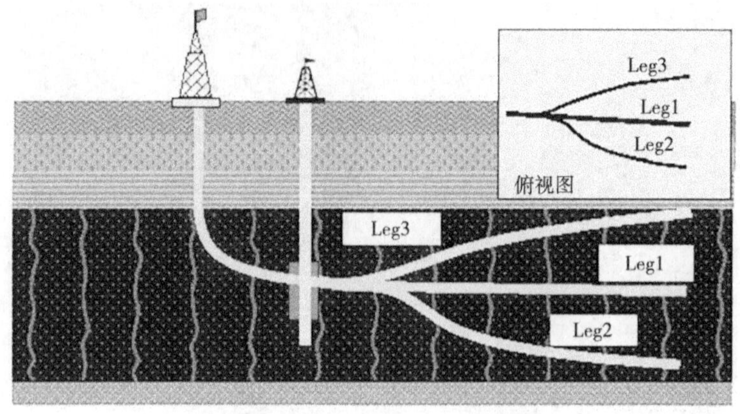

图 4-9　地面瓦斯抽采系统工作示意图

(a)瓦斯抽采泵房　　(b)瓦斯抽采泵

(c)冷却塔及循环冷却池　　(d)瓦斯抽采管道

图 4-10　地面瓦斯抽采站实景图

(1)工业场地瓦斯抽采补水。

工业场地瓦斯抽采站安装 3 套抽采系统,选用 8 台 2BEC72 型水环式真空泵(6 用 2 备),抽采规模 300 m^3/min,配备 1 台 GBNL-200 型冷却塔,设 2 个循环水池(80 m^2×2),循环水量为 4 800 m^3/d,补水量采暖期为 70 m^3/d,非采暖期为 93 m^3/d。

经推算,冷却塔补水量采暖期为循环水量的 1.46%,非采暖期为循环水量的 1.9%,小于《煤炭工业给水排水设计规范》(GB 50810—2012)中“循环冷却补充水占循环水量 10%”的规定。工业场地瓦斯抽采站水量平衡示意图见图 4-11 和图 4-12。

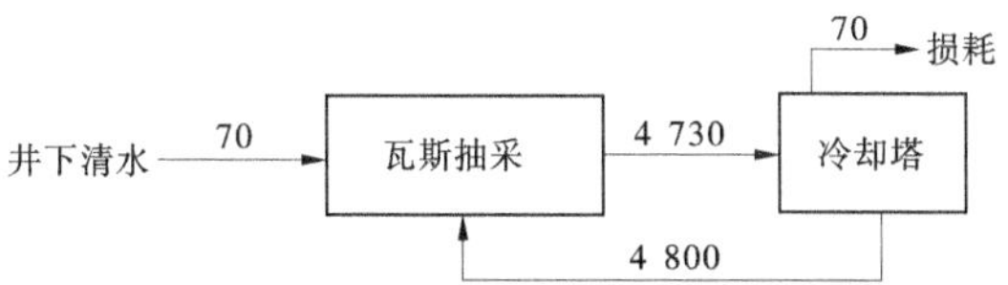

图 4-11　工业场地瓦斯抽采站采暖期水量平衡示意图　(单位:m^3/d)

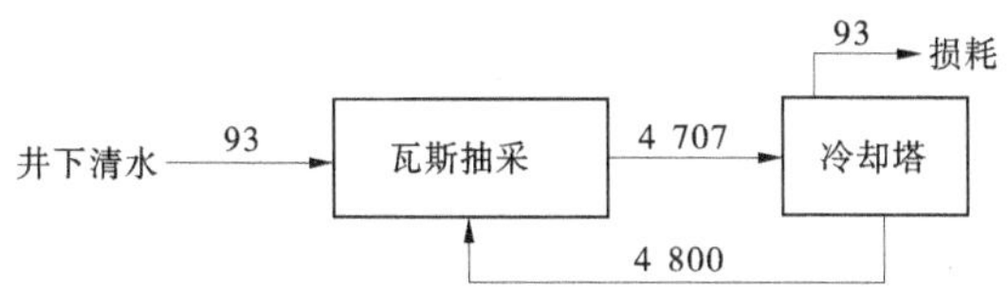

图 4-12　工业场地瓦斯抽采站非采暖期水量平衡示意图　(单位:m^3/d)

(2)风井场地瓦斯抽采补水。

风井场地瓦斯抽采设置 8 台 2BEC72 型水环式真空抽采泵进行抽采(4 用 4 备),配备 $GBNL_3$-150 型逆流式玻璃钢冷却塔 1 座,设 2 个循环水池(7.8 m×11.3 m,3.11 m×7.8 m),循环水量为 3 600 m^3/d,补水量采暖期为 21 m^3/d,非采暖期为 40 m^3/d(见图 4-13)。

经推算,冷却塔补水量采暖期为循环水量的 0.6%,非采暖期为循环水量的 1.1%,小于《煤炭工业给水排水设计规范》(GB 50810—2012)中“循环冷却补充水占循环水量 10%”的规定。风井场地瓦斯抽采站水量平衡示意图见图 4-14 和图 4-15。

图 4-13　风井场地瓦斯发电站实景图

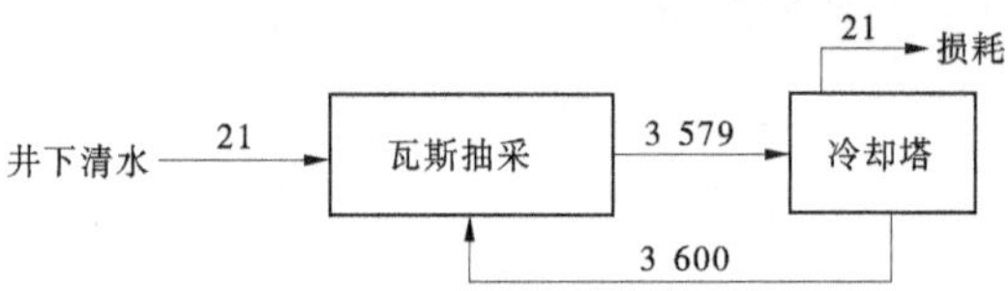

图 4-14　风井场地瓦斯抽采站采暖期水量平衡示意图　（单位：m^3/d）

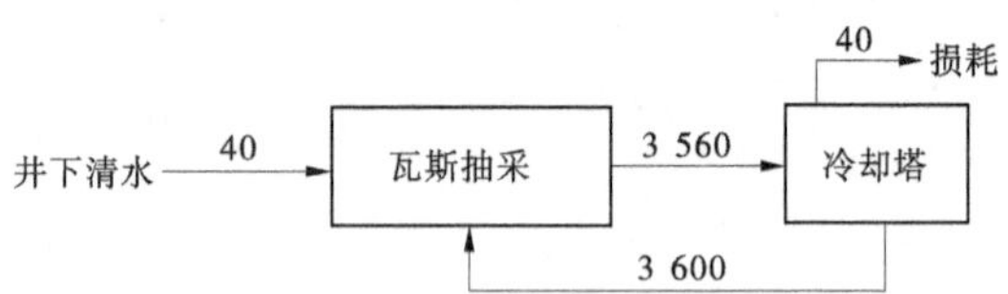

图 4-15　风井场地瓦斯抽采站非采暖期水量平衡图　（单位：m^3/d）

2）瓦斯发电补水

由于风井场地瓦斯发电尚未运行发电，本次仅对工业场地瓦斯发电用水进行复核。

工业场地瓦斯发电站实际安装 12 台 500GF1-3RW 型瓦斯发电机组，总装机容量达到 6 000 kW，投资 4 511.26 万元，由胜利油田胜利动力机械集团有限公司管理运营。

瓦斯发电工艺流程为：瓦斯被水环式真空泵从井下抽出进入瓦斯调配系统，经管路上的丝网过滤器、低温湿式放散阀和细水雾发生器后，进入位于发电机组前端的循环脱水器，进行脱水后安全地进入发电系统。在发电系统内，瓦斯经过单点喷射和空气混合后在内燃机中燃烧做功,内燃机带动发电机转动,最终将热能转化为电能。工业场地瓦斯发电工艺流程见图 4-16,工业场地瓦斯发电站实景图见图 4-17,工业场地瓦斯发电站运行以来发电量及瓦斯利用量统计见表 4-10。

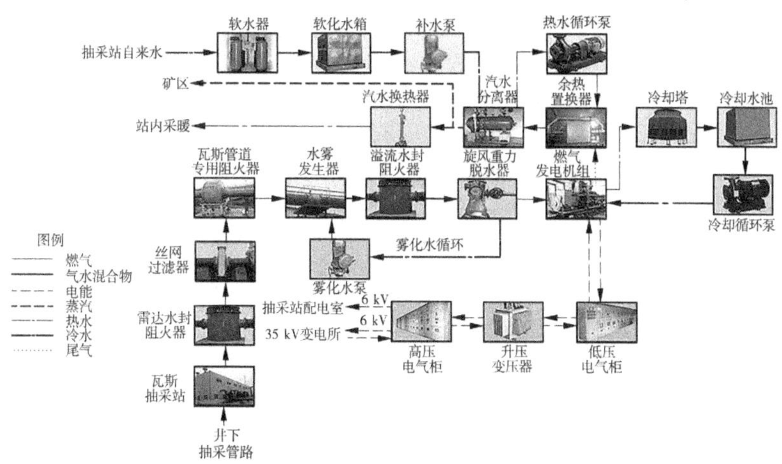

图 4-16　工业场地瓦斯发电工艺流程

图 4-17　工业场地瓦斯发电站实景

表 4-10　工业场地瓦斯发电站运行以来发电量及瓦斯利用量统计

时间	发电量/（万 kW·h）	利用瓦斯量/（万 m^3）	时间	发电量/（万 kW·h）	利用瓦斯量/（万 m^3）
2010 年	76	25	2014 年	2 329	776
2011 年	868	289	2015 年	2 390	797
2012 年	1 714	571	2016 年（至 9 月）	1 494	539
2013 年	2 080	693			

经现场调研,工业场地瓦斯发电站现状用水主要为发电站循环冷却水和少量的余热回收换热站补水、细水雾发生器补水。

(1)循环冷却水系统采用 4 台 $GBNL_3$-400 逆流式玻璃钢冷却塔(高、低温各 2 台),单排并列布置,4 台冷却塔分别坐落于 4 个循环水池上(总容积为 768 m^3,单池容积为 192 m^3,尺寸为:长×宽×高 = 8 m×8 m×3 m),工艺流程如下:

工业场地转输泵→冷却水池→冷却循环泵→发电机组

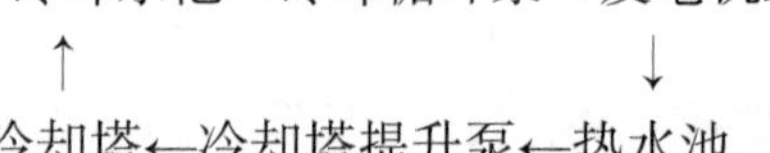

(2)瓦斯发电站余热回收至工业场地水源热泵房,换热器补水量较少。

(3)瓦斯调配系统中的细水雾发生器用水,主要是为防止瓦斯输送因静电产生的电火花所引起的火焰传播,从而在瓦斯输送管道内产生连续的细水雾,因瓦斯在进入发电机组前需进行脱水,其补水量极少。

经查阅近年用水台账,工业场地瓦斯发电站补水量为 210 m^3/d,见表 4-11。

表 4-11　瓦斯发电站补水量一览表

序号	用水项目	补水量
1	循环冷却水补充水	208 m^3/d
2	细水雾发生器补水	0.5 m^3/d
3	余热回收换热站补水	1.5 m^3/d
4	日补水	210 m^3

综上所述，亭南煤矿瓦斯抽采及发电系统补水量采暖期为 301 m^3/d，非采暖期为 343 m^3/d，见表 4-12。

表 4-12　亭南煤矿瓦斯抽采及发电补水量一览表

<table>
<tr><th colspan="2" rowspan="2">用水项目</th><th colspan="2">补水量/(m^3/d)</th><th rowspan="2">说明</th></tr>
<tr><th>采暖期</th><th>非采暖期</th></tr>
<tr><td rowspan="3">工业场地瓦斯抽采及发电</td><td>瓦斯抽采</td><td>70</td><td>93</td><td rowspan="5">水源为井下清水</td></tr>
<tr><td>瓦斯发电</td><td>210</td><td>210</td></tr>
<tr><td>小 计</td><td>280</td><td>303</td></tr>
<tr><td colspan="2">风井场地瓦斯抽采及发电</td><td>21</td><td>40</td></tr>
<tr><td colspan="2">合计</td><td>301</td><td>343</td></tr>
</table>

4. 选煤厂补水

亭南煤矿选煤厂设计能力为 1 150 t/h，入洗原料煤全部来自亭南煤矿，属矿井型选煤厂。选煤工艺为：25～150 mm 块煤采用重介浅槽分选工艺，1～25 mm 末煤采用两产品重介旋流器再洗分选工艺，0. 25～1. 0 mm 粗煤泥采用干扰床分选工艺，0～0. 25 mm 细煤泥采用快开隔膜压滤机回收工艺，煤泥水闭路循环。

经统计，2019 年亭南煤矿原煤产量为 505. 7 万 t，全部入洗，选煤厂生产补水量为 44. 95 万 m^3（1 362 m^3/d），吨煤耗水量折算为 0. 089 m^3/t。亭南煤矿选煤厂实景图见图 4-18。

图 4-18　亭南煤矿选煤厂实景图

4.2.2.3 其他杂用水

1.绿化用水

亭南煤矿绿地面积约 8.0 hm^2,主要为矿区工业场地、风井场地及矸石山绿化等,用水量约 230 m^3/d,推算其用水定额为 2.88 L/(m^2 · d),符合《煤炭工业给水排水设计规范》(GB 50810—2012)"绿化用水量可采用 1.0~3.0 L/(m^2 · d)计算"的要求。冬季不进行绿化喷洒。厂区绿化实景图见图 4-19。

图 4-19 厂区绿化实景图

2.地面及道路洒水

矿区地面及道路洒水量为 140 m^3/d,洒水面积约 5.0 hm^2,推算其用水定额约 2.8 L/(m^2 · d),符合《煤炭工业给水排水设计规范》(GB 50810—2012)"浇洒道路用水量可采用 2.0~3.0 L/(m^2 · d)计算"的要求。矿区扬尘较大，冬季进行少量喷洒，估算洒水量约 40 m^3/d。厂区道路喷洒实景图见图 4-20。

图 4-20　厂区道路喷洒实景图

3. 储煤场喷洒补水

储煤场喷洒补水分为储煤场防尘洒水、地面和洗车台冲洗水，水源来自处理后的矿井水，估算需水量采暖期为 80 m^3/d、非采暖期为 200 m^3/d。地面和洗车台冲洗水经收集至雨水收集池后，再返回矿井水处理站。储煤场洒水系统实景图见图 4-21。

4.2.3　损耗水量分析

根据分析结果，亭南煤矿采暖期损耗水量为 3 880.2 m^3/d，非采暖期损耗水量为 4 372.2 m^3/d，各用水单元损耗水量所占比例见表 4-13。

(a)洗车台

(b)车辆冲洗

(c)地面冲洗

(d)雨水收集池

图 4-21 储煤场洒水系统实景图

表 4-13 亭南煤矿损耗水量结构

序号	用水项目	采暖期		非采暖期	
		耗水量/(m^3/d)	所占比例/%	耗水量/(m^3/d)	所占比例/%
1	浴室用水	17	0.44	17	0.39
2	洗衣房用水	10	0.26	10	0.23
3	招待所用水	0.2	0.01	0.2	0
4	办公楼用水	1	0.03	1	0.02
5	职工宿舍用水	16	0.41	16	0.37
6	食堂用水	37	0.95	37	0.85

续表 4-13

序号	用水项目	采暖期		非采暖期	
		耗水量/(m^3/d)	所占比例/%	耗水量/(m^3/d)	所占比例/%
7	黄泥灌浆用水	48	1.23	48	1.10
8	井下洒水	1 409	36.31	1 409	32.23
9	风井场地瓦斯抽采及发电补水	21	0.54	40	0.91
10	工业场地瓦斯抽采及发电补水	280	7.22	303	6.93
11	储煤场喷洒补水	80	2.06	200	4.57
12	选煤厂补水	1 362	35.10	1 362	31.15
13	地面及道路洒水	40	1.03	140	3.20
14	绿化洒水	0	0	230	5.26
15	净化站	0	0	0	0
16	矿井水处理站	559	14.41	559	12.79
合计		3 880.2	100	4 372.2	100

4.2.4　排放水量分析

根据分析结果，亭南煤矿各用水单元排水量为 57 106.8 m^3/d，排水比例见表 4-14。

表 4-14　亭南煤矿各用水系统排放水量结构　　单位：m^3/d

序号	用水项目	采暖期				非采暖期			
		用水量	排水量	占用水量比例/%	占排水量比例/%	用水量	排水量	占用水量比例/%	占排水量比例/%
1	浴室用水	330	313	0.54	0.55	330	313	0.54	0.55
2	洗衣房用水	128	118	0.21	0.21	128	118	0.21	0.21

续表 4-14

序号	用水项目	采暖期				非采暖期			
		用水量	排水量	占用水量比例/%	占排水量比例/%	用水量	排水量	占用水量比例/%	占排水量比例/%
3	招待所用水	4	3.8	0.01	0.01	4	3.8	0.01	0.01
4	办公楼用水	15	14	0.02	0.02	15	14	0.02	0.02
5	职工宿舍用水	325	309	0.53	0.54	325	309	0.53	0.54
6	食堂用水	185	148	0.30	0.26	185	148	0.30	0.26
7	黄泥灌浆用水	96	48	0.16	0.08	96	48	0.16	0.08
8	井下洒水	1 959	550	3.21	0.96	1 959	550	3.19	0.96
9	风井场地瓦斯抽采及发电补水	21	0	0.03	0	40	0	0.07	0
10	工业场地瓦斯抽采及发电补水	280	0	0.46	0	303	0	0.49	0
11	储煤场喷洒补水	80	0	0.13	0	200	0	0.33	0
12	选煤厂补水	1 362	0	2.23	0	1 362	0	2.22	0
13	地面及道路洒水	40	0	0.07	0	140	0	0.23	0
14	绿化洒水	0	0	0	0	230	0	0.37	0
15	净化站	231	231	0.38	0.40	231	231	0.38	0.40
16	矿井水处理站	55 931	55 372	91.72	97.73	55 931	55 372	90.95	96.97
合计		60 987	57 106.8	100	100	61 479	57 106.8	100	100

从表 4-14 可以看出，亭南煤矿现状外排水量中，矿井涌水排水比例最大，生活污水所占比例甚微。

根据分析结果，亭南煤矿井下排水量为 55 931 m^3/d，采暖期回用于生产、生活 4 602 m^3/d（含处理损失 559 m^3/d），外排黑河 51 329 m^3/d；非采暖期回用于生产 5 094 m^3/d（含处理损失 559 m^3/d），外排黑河 50 837 m^3/d。生活污水 951.8 m^3/d，排至亭口镇污水处理厂。亭南煤矿外排水量结构见表 4-15。

表 4-15　亭南煤矿外排水量结构

名称	采暖期				非采暖期			
	产生量/(m^3/d)	回用量/(m^3/d)	外排量/(m^3/d)	外排水比例/%	产生量/(m^3/d)	回用量/(m^3/d)	外排量/(m^3/d)	外排水比例/%
矿井涌水	55 931	4 667	51 264	89.6	55 931	5 159	50 772	88.6
生活污水(排至亭口镇污水处理厂)	951.8	0	951.8	100	951.8	0	951.8	100
合计	56 882.8	4 667	52 215.8	91.8	56 882.8	5 159	51 723.8	90.9

4.3　现状用水水平评价及节水潜力分析

4.3.1　现状用水水平评价

4.3.1.1　指标选取及计算公式

根据《节水型企业评价导则》(GB/T 7119—2018)、《企业水平衡测试通则》(GB/T 12452—2008)、《企业用水统计通则》(GB/T 26719—2011)、《用水指标评价导则》(SL/Z 552—2012)、《清洁生产标准 煤炭采选业》(HJ 446—2008)等规定,报告选取原煤生产水耗、选煤见表 4-16 补水量、矿井涌水利用率、单位产品取水量、企业人均生活用水定额 5 个主要用水指标。计算公式见表 4-16。

表 4-16　亭南煤矿用水水平评价指标及公式一览表

序号	评价指标	计算公式	参数概念
1	原煤生产水耗	$S_S=\frac{h}{R}$	S_S—原煤生产水耗, m^3/t;h—年原煤生产耗水量, m^3;R—年原煤产量,t。煤生产水耗不包括生产办公区、生活区等用水

续表 4-16

序号	评价指标	计算公式	参数概念
2	选煤补水量	$S_b = \frac{B}{M}$	S_b—选煤补水量，m^3/t；B—年选原煤补水量，m^3；M—年入选原煤量，t
3	矿井涌水利用率	$S_k = \frac{K}{K_Z} \times 100\%$	S_k—矿井涌水利用率(%)；K—年矿井涌水利用总量，m^3；K_Z—年矿井涌水产生总量，m^3
4	单位产品取水量	$V_{ui} = \frac{V_i}{Q}$	V_{ui}—单位产品取水量，m^3/t；V_i—年取水量，m^3；Q—年原煤产量，t
5	企业人均生活用水定额	$V_{1f} = \frac{V_{y1f}}{n}$	V_{lf}—企业人均生活用水定额，$m^3/(人 \cdot d)$；V_{ylf}—全矿生活日用新水量，m^3；n—全矿职工总人数，人

4.3.1.2 指标计算基本参数

用水水平指标计算基本参数见表 4-17。

表 4-17 用水水平指标计算基本参数

序号	基本参数名称	计算参数
1	取新水量/(m^3/d)	采暖期 5 430，非采暖期 5 922
2	矿井涌水产生量/(m^3/d)	55 931
3	矿井涌水利用量/(m^3/d)	采暖期 4 602，非采暖期 5 094
4	原煤生产耗水量/(m^3/d)	1 457
5	选煤厂生产补水量/(m^3/d)	1 362
6	生活用水量/(m^3/d)	782(不含净化站浓水)
7	职工人数/人	2 759
8	产品总量/万 t	505.7 万 t(2019 年产量)
9	年运行天数/d	330

4.3.1.3 指标比较与用水水平分析

根据《清洁生产标准 煤炭采选业》(HJ 446—2008)和《陕西省行业用水定额》(DB61/T 943—2014)及相关行业用水定额，对亭南煤矿现状用水水平进行分析，见表 4-18。

表 4-18　主要用水指标对比分析

序号	指标	单位	水平衡分析	标准要求
1	原煤生产水耗	m^3/t	0.095	清洁生产指标:一级≤0.1,陕西省用水定额:0.2
2	选煤补水量	m^3/t	0.089	清洁生产指标:一级≤0.1 陕西省用水定额:0.14
3	单位产品取水量	m^3/t	0.370	
4	矿井涌水利用率	%	采暖期 8.2,非采暖期 9.1	
5	企业人均生活用水定额	m^3/(人·d)	0.283	

从表 4-18 可知:

(1)现状原煤生产水耗为 0.095 m^3/t,达到《清洁生产标准　煤炭采选业》(HJ 446—2008)二级标准的要求,属国内清洁生产先进水平。

(2)现状选煤补水量为 0.089 m^3/t,符合《清洁生产标准　煤矿采选业》(HJ 446—2008)一级标准的要求,属国际清洁生产先进水平。

(3)参考其他矿井,矿区人均生活用水基本在 0.3 m^3/(人·d)以下,亭南煤矿生活用水量为 0.283 m^3/(人·d)。

4.3.2　污水处理及回用合理性分析

4.3.2.1　矿井水处理及回用合理性分析

亭南煤矿矿井水处理站设计规模 3 100 m^3/h,采用磁分离工艺,出水水质执行《煤炭工业污染物排放标准》(GB 20426—2006)和《黄河流域(陕西段)污水综合排放标准》(DB 61/224—2011)。

经现场调查,矿井水处理站处理后的水复用于选煤厂、储煤厂喷洒、绿地浇洒、地面冲洗及生活冲厕,多余部分外排入黑河,企业内部已实现了高效利用。

4.3.2.2　生活污水处理及回用合理性分析

经现场调查,亭南煤矿生活污水处理站并未运行,现状生活污水排入亭口镇污水处理厂处理。

4.3.2.3 选煤厂煤泥水

将洗煤后的水收集到煤泥水浓缩池,然后用泵输送到板框式压滤机,使煤泥和水分离,分离后的清水再输送到洗煤补给水管路,实现洗选废水一级闭路循环,不外排。

4.3.3 节水潜力分析

4.3.3.1 现状用水中存在的主要问题

通过取用水调查,认为亭南煤矿在取、供、用、耗、排水方面主要存在以下问题:

(1)亭南煤矿现有取水许可证"取水(长水)字〔2008〕第1003号",由长武县水政水资源管理委员会于2008年11月发放,水源类型为地下水,取水量为26.65万,该证已于2012年12月31日过期。

(2)经现场调查,工业场地瓦斯抽采及发电站存在少量间歇排水,现状或用于绿化或排入场外冲沟内。

(3)经现场查勘,在黑河总排口处设置排污标识不规范。

4.3.3.2 节水潜力分析

通过现场调查及各系统用水分析,在与亭南煤矿充分沟通后,按照"分质处理、分质回用",最大化回用中水原则,对亭南煤矿的节水减污潜力分析如下:

(1)根据"陕煤局发〔2015〕98号"文,亭南煤矿核定的生产能力为500万t/a,亭南煤矿2019年产量为505.7万t,与核定产能相差不大。经与业主沟通,亭南煤矿达产时,选煤生产补水量0.089 m^3/t可维持不变,井下洒水量基本维持现状不变,但因产量不同,井下洒水耗水量降为1 394 m^3/d,则原煤生产水耗维持0.095 m^3/t不变。

(2)工业场地瓦斯抽采及发电站存在少量间歇排水,建议统一收集后排入工业场地矿井水处理系统。

(3)矿井涌水预处理损耗按1%计;生活用水净化站(净水率80%)的浓盐水应全部回用,不外排。

(4)亭南煤矿在风井场地内建设一座瓦斯发电站,由5台700GJZ-PWWD-TEM2-3型集装箱式低浓度瓦斯机组组成,总装机容量3 500

kW,配套低浓度瓦斯细水雾输送系统、变配电系统、冷却循环系统及其他辅助生产系统。目前,设备已基本安装完工,但尚未启用发电,考虑到后续生产过程中随着瓦斯量的进一步增加,需要预留瓦斯发电水量,经查阅其设计资料,在与相关设计人员沟通后,风井场地瓦斯发电补水量预估为 125 m^3/d。

经节水潜力分析后,亭南煤矿用水指标与其他同地区煤矿对比见表 4-19。

表 4-19　亭南煤矿用水指标与其他同地区煤矿对比

煤矿名称	规模/(Mt/a)	原煤生产水量/(m^3/t)	选煤生产水量/(m^3/t)	人均生活用水量/[m^3/(人·d)]
高家堡煤矿	5.0	0.100	0.060	0.284
大佛寺煤矿	8.0	0.096	0.050	0.226
小庄煤矿	6.0	0.099	0.050	0.285
亭南煤矿	5.0	0.095	0.089	0.283

4.4　用水量核定

4.4.1　合理性分析前后水量变化情况说明

合理性分析前后的用水量变化主要为风井场地瓦斯抽采发电新增补水 125 m^3/d,其他生产、生活用水量无变化。

4.4.2　合理用水量的核定

经节水潜力分析后,亭南煤矿取水源井地下水 828 m^3/d;产生的 73 200 m^3/d 井下排水,有 732 m^3/d 为处理损耗,采暖期 4 154 m^3/d 回用自身矿井、68 314 m^3/d 外排入河,非采暖期 4 646 m^3/d 回用自身矿井、67 822 m^3/d 外排入河。生活净化站浓水及生活污水排至亭口镇污水处理厂处理。

节水潜力分析后的水量平衡统计见表 4-20、表 4-21 和图 4-22、图 4-23。

表 4-20　节水潜力分析后采暖期水量平衡统计　单位：m^3/d

序号	用水项目	取新水量		用水量（含回用水）	耗水量	回用量	排水量	说明
		地下水	矿井水					
1	浴室用水	330	0	330	17	0	313	至亭口镇生活污水处理厂
2	洗衣房用水	128	0	128	10	0	118	
3	招待所用水	2	0	4	0.2	2	3.8	
4	办公楼用水	2	0	15	1	13	14	
5	职工宿舍用水	135	0	325	16	190	309	
6	食堂用水	0	0	185	37	185	148	
7	黄泥灌浆用水	0	0	96	48	96	48	至矿井水处理站
8	井下洒水	0	0	1 959	1 394	1 959	565	
9	瓦斯抽采及发电补水　风井场地	0	0	146	146	146	0	
10	瓦斯抽采及发电补水　工业场地	0	0	280	280	280	0	
11	储煤场喷洒补水	0	0	80	80	80	0	
12	选煤厂补水	0	0	1 348	1 348	1 348	0	
13	地面及道路洒水	0	0	40	40	40	0	
14	绿化洒水	0	0	0	0	0	0	
小计		597	0	4 936	3 417.2	4 339	1 518.8	
15	净化站	231	0	231	0	0	231	软水至食堂，浓盐水至生活污水处理站
16	矿井水处理站	0	73 200	73 200	732	0	72 468	回用至生产生活，多余外排
合计		828	73 200	78 367	4 149.2	4 339	74 217.8	
说明		矿井涌水量 73 200，处理损失 732，回用于生产、生活 4 154，外排黑河 68 314，生活污水 951.8，排至亭口镇污水处理厂						

根据《企业水平衡测试通则》（GB/T 12452—2008）：1. 用水量是指在确定的用水单元或系统内，使用的各种水量的总和，即新水量和重复利用水量之和。2. 新水量是指企业内用水单元或系统取自任何水源被该企业第一次利用的水量。3. 重复利用水量为循环水量和串联水量的总和。4. 回用水量是指企业产生的排水，直接或经处理后再利用于某一用水单元或系统的水量。5. 耗水量是指在确定的用水单元或系统内，生产过程中进入产品、蒸发、飞溅、携带及生活饮用等所消耗的水量。6. 排水量是指对于确定的用水单元或系统，完成生产过程和生产活动之后排出企业之外以及排出该单元进入污水系统的水量

表 4-21 节水潜力分析后非采暖期水量平衡统计 单位：m^3/d

<table>
<tr><th rowspan="2">序号</th><th rowspan="2" colspan="2">用水项目</th><th colspan="2">取新水量</th><th rowspan="2">用水量（含回用水）</th><th rowspan="2">耗水量</th><th rowspan="2">回用量</th><th rowspan="2">排水量</th><th rowspan="2">说明</th></tr>
<tr><th>地下水</th><th>矿井水</th></tr>
<tr><td>1</td><td colspan="2">浴室用水</td><td>330</td><td>0</td><td>330</td><td>17</td><td>0</td><td>313</td><td rowspan="6">至亭口镇生活污水处理厂</td></tr>
<tr><td>2</td><td colspan="2">洗衣房用水</td><td>128</td><td>0</td><td>128</td><td>10</td><td>0</td><td>118</td></tr>
<tr><td>3</td><td colspan="2">招待所用水</td><td>2</td><td>0</td><td>4</td><td>0.2</td><td>2</td><td>3.8</td></tr>
<tr><td>4</td><td colspan="2">办公楼用水</td><td>2</td><td>0</td><td>15</td><td>1</td><td>13</td><td>14</td></tr>
<tr><td>5</td><td colspan="2">职工宿舍用水</td><td>135</td><td>0</td><td>325</td><td>16</td><td>190</td><td>309</td></tr>
<tr><td>6</td><td colspan="2">食堂用水</td><td>0</td><td>0</td><td>185</td><td>37</td><td>185</td><td>148</td></tr>
<tr><td>7</td><td colspan="2">黄泥灌浆用水</td><td>0</td><td>0</td><td>96</td><td>48</td><td>96</td><td>48</td><td rowspan="2">至矿井水处理站</td></tr>
<tr><td>8</td><td colspan="2">井下洒水</td><td>0</td><td>0</td><td>1 959</td><td>1 394</td><td>1 959</td><td>565</td></tr>
<tr><td>9</td><td rowspan="2">瓦斯抽采及发电补水</td><td>风井场地</td><td>0</td><td>0</td><td>165</td><td>165</td><td>165</td><td>0</td><td></td></tr>
<tr><td>10</td><td>工业场地</td><td>0</td><td>0</td><td>303</td><td>303</td><td>303</td><td>0</td><td></td></tr>
<tr><td>11</td><td colspan="2">储煤场喷洒补水</td><td>0</td><td>0</td><td>200</td><td>200</td><td>200</td><td>0</td><td></td></tr>
<tr><td>12</td><td colspan="2">选煤厂补水</td><td>0</td><td>0</td><td>1 348</td><td>1 348</td><td>1 348</td><td>0</td><td></td></tr>
<tr><td>13</td><td colspan="2">地面及道路洒水</td><td>0</td><td>0</td><td>140</td><td>140</td><td>140</td><td>0</td><td></td></tr>
<tr><td>14</td><td colspan="2">绿化洒水</td><td>0</td><td>0</td><td>230</td><td>230</td><td>230</td><td>0</td><td></td></tr>
<tr><td colspan="3">小计</td><td>597</td><td>0</td><td>5 428</td><td>3 909.2</td><td>4 831</td><td>1 518.8</td><td></td></tr>
<tr><td>15</td><td colspan="2">净化站</td><td>231</td><td>0</td><td>231</td><td>0</td><td>0</td><td>231</td><td>软水至食堂，浓盐水至生活污水处理站</td></tr>
<tr><td>16</td><td colspan="2">矿井水处理站</td><td>0</td><td>73 200</td><td>73 200</td><td>732</td><td>0</td><td>72 468</td><td>回用至生产生活，多余外排</td></tr>
<tr><td colspan="3">合计</td><td>828</td><td>73 200</td><td>78 859</td><td>4 641.2</td><td>4 831</td><td>74 217.8</td><td></td></tr>
<tr><td colspan="3">说明</td><td colspan="7">矿井涌水量 73 200，处理损失 732，回用于生产、生活 4 646，外排黑河 67 822，生活污水 951.8，排至亭口镇污水处理厂</td></tr>
</table>

根据《企业水平衡测试通则》（GB/T 12452—2008）：1. 用水量是指在确定的用水单元或系统内，使用的各种水量的总和，即新水量和重复利用水量之和。2. 新水量是指企业内用水单元或系统取自任何水源被该企业第一次利用的水量。3. 重复利用水量为循环水量和串联水量的总和。4. 回用水量是指企业产生的排水，直接或经处理后再利用于某一用水单元或系统的水量。5. 耗水量是指在确定的用水单元或系统内，生产过程中进入产品、蒸发、飞溅、携带及生活饮用等所消耗的水量。6. 排水量是指对于确定的用水单元或系统，完成生产过程和生产活动之后排出企业之外以及排出该单元进入污水系统的水量

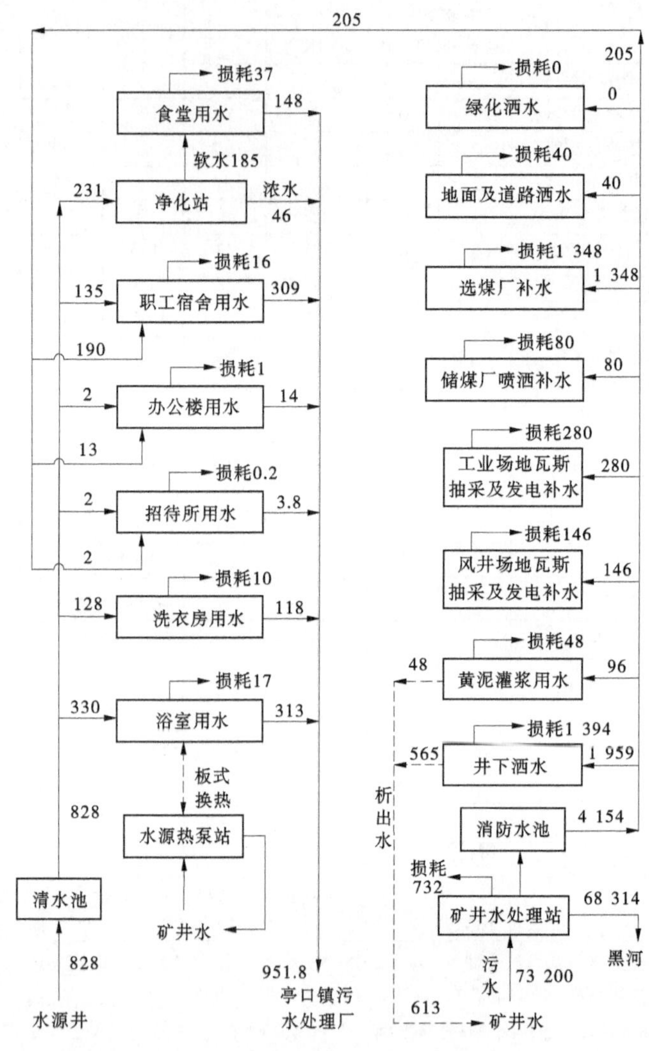

图 4-22 节水潜力分析后采暖期水量平衡图 （单位：m^3/d）

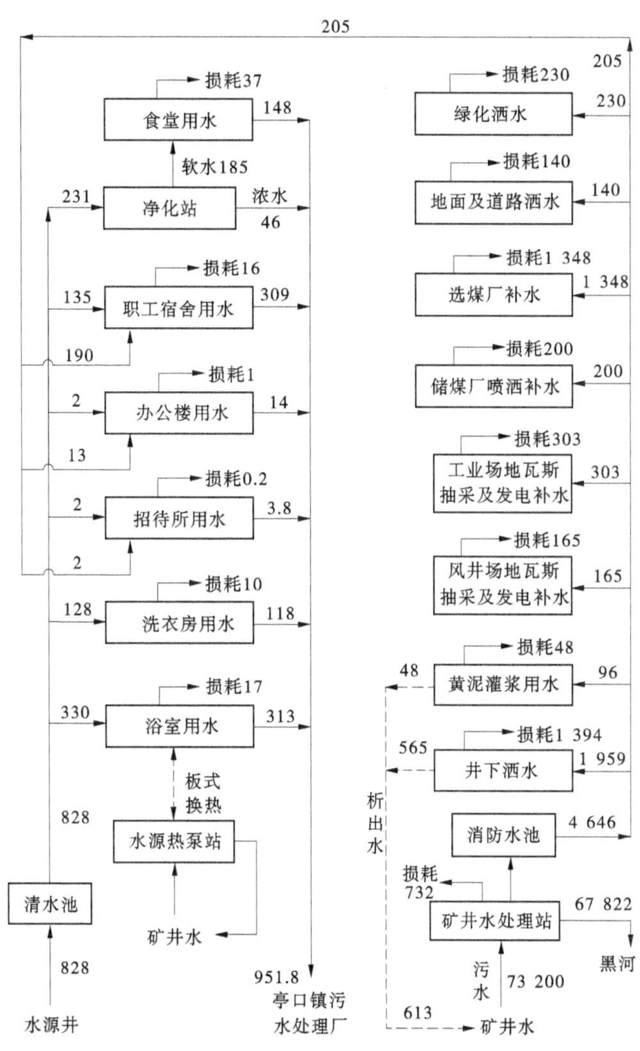

图 4-23 节水潜力分析后非采暖期水量平衡图 （单位：m^3/d）

4.4.3 检修期用水量

为保证矿井生产安全,亭南煤矿每月需全矿停产检修,一般停产检修时间为2 d,另外有不定时的单个系统停产检修,全年停产期按35 d计。矿井停产检修时,生活系统正常供水,生产系统的井下洒水、选煤厂等均不用水。

经分析,检修期使用处理达标后的矿井涌水采暖期为1 579 m^3/d,非采暖期为2 071 m^3/d;外排入河水量采暖期为71 621 m^3/d,非采暖期为71 129 m^3/d。

亭南煤矿检修期水量平衡见图4-24、图4-25。

4.4.4 年用水量计算

亭南煤矿水源为地下水和自身矿井涌水,根据节水潜力分析后的采暖期、非采暖期水量平衡图表,各系统采暖期用新水量为4 982 m^3/d(地下水828 m^3/d、矿井涌水4 154 m^3/d),非采暖期用新水量为5 474 m^3/d(地下水828 m^3/d、矿井涌水4 646 m^3/d)。

生活用水按365 d计(采暖期182 d、非采暖期183 d),生产用水按330 d计(采暖期182 d、非采暖期148 d),灌浆、瓦斯抽采及发电按365 d计。

经计算,节水潜力分析后亭南煤矿用新水量为179.3万m^3/a(取地下水30.2万m^3/a、使用处理后的自身矿井涌水149.1万m^3/a)。其中,采暖期90.7万m^3/a(地下水15.1万m^3/a、使用处理后的自身矿井涌水75.6 m^3/a),非采暖期88.6万m^3/a(地下水15.1万m^3/a、使用处理后的自身矿井涌水73.5万m^3/a)。

矿井涌水预处理损耗按1.0%计,则亭南煤矿全年总用水量为206.0万m^3/a(地下水30.2万m^3/a、矿井涌水149.1万m^3/a、矿井水处理损失26.7万m^3/a)。其中,生活取水量37.7万m^3/a(地下水30.2万m^3/a、矿井涌水7.5万m^3/a),生产取水量168.3万m^3/a(全部为矿井涌水)。

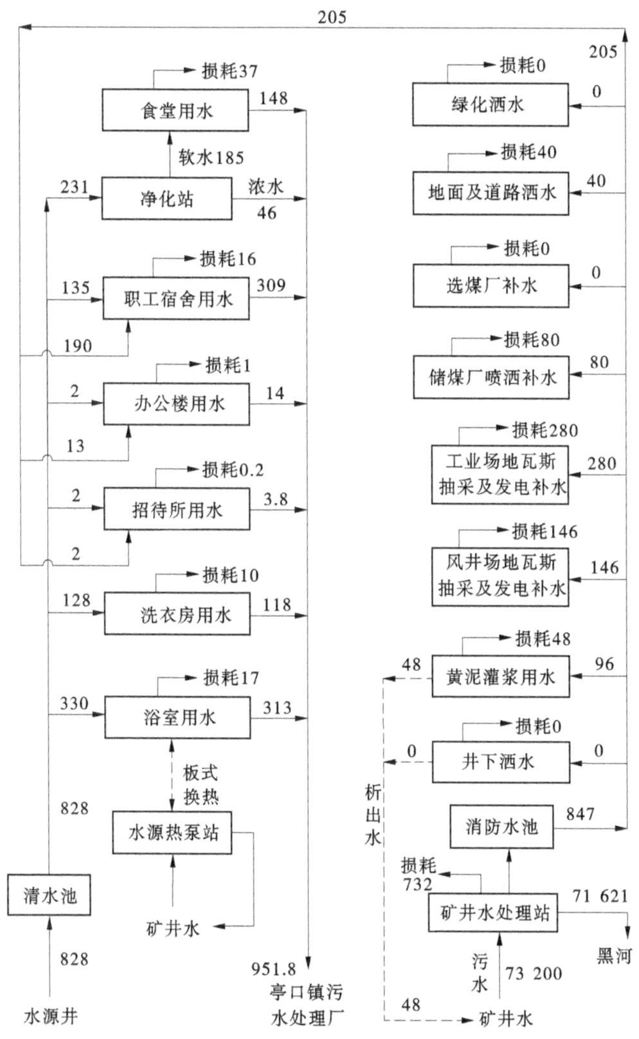

图 4-24　亭南煤矿采暖期检修期水量平衡图　（单位：m^3/d）

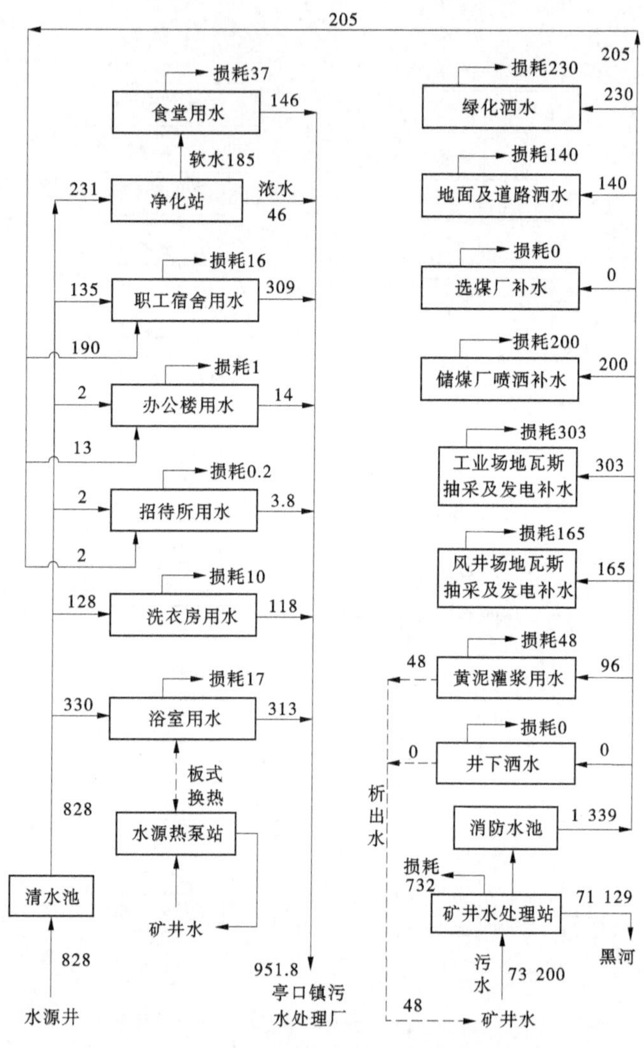

图 4-25　亭南煤矿非采暖期检修期水量平衡图　（单位：m^3/d）

4.4.5　年排水量计算

亭南煤矿正常矿井涌水量为73 200 m^3/d，最大矿井涌水量为96 984 m^3/d，则计算正常可用水量合计为2 671.8万 m^3/a，最大可用水量合计为3 539.9万 m^3/a，正常处理损耗为26.7万 m^3/a（732 m^3/d），最大处理损耗为35.4万 m^3/a（970 m^3/d），则正常工况下可用水量为2 645.1万 m^3/a，最大可用水量为3 504.5万 m^3/a。

经前分析，亭南煤矿回用处理后的矿井涌水149.1万 m^3/a，经计算，亭南煤矿正常工况下有2 496.0万 m^3/a处理达标后的矿井涌水外排入河，最大矿井涌水工况下有3 355.4万 m^3/a处理达标后的矿井涌水外排入河。外排入河最大水量为采暖期检修期71 621 m^3/d；其次为非采暖期检修期71 129 m^3/d。

4.5　小　结

（1）现状亭南煤矿各系统取新水量为56 759 m^3/d。其中，水源井地下水828 m^3/d、矿井涌水55 931 m^3/d。亭南煤矿外排黑河水量采暖期51 329 m^3/d，非采暖期50 837 m^3/d。

（2）节水潜力分析后，亭南煤矿取水源井地下水828 m^3/d；正常工况下产生73 200 m^3/d井下排水，有732 m^3/d为处理损耗，采暖期4 154 m^3/d回用自身矿井、68 314 m^3/d外排入河，非采暖期4 646 m^3/d回用自身矿井、67 822 m^3/d外排入河。外排入河最大水量为采暖期检修期71 621 m^3/d，其次为非采暖期检修期71 129 m^3/d。

（3）节水潜力分析后，全年总用水量206.0万 m^3/a（地下水30.2万 m^3/a、矿井涌水149.1万 m^3/a、矿井水处理损失26.7万 m^3/a）。其中，生活取水量37.7万 m^3/a（地下水30.2万 m^3/a、矿井涌水7.5万 m^3/a），生产取水量168.3万 m^3/a（全部为矿井涌水）。亭南煤矿原煤生产水耗为0.095 m^3/t，选煤生产水耗为0.089 m^3/t。

（4）节水潜力分析后，亭南煤矿矿井涌水做到最大化回用。经分析计算，正常工况下，矿井涌水处理达标后可用水量为2 645.1万

m^3/a,有 149.1 m^3/a 回用自身生产,剩余 2 496.0 万 m^3/a 外排入河。最大矿井涌水工况下,可用水量为 3 539.9 万 m^3/a,处理损耗为 35.4 万 m^3/a,有 3 355.4 万 m^3/a 处理达标后的矿井涌水外排入河。

第5章　节水评价

根据《水利部关于开展规划和建设项目节水评价工作的指导意见》(水节约〔2019〕136号)与《规划和建设项目节水评价技术要求》(办节约〔2019〕206号)的要求,在水资源论证工作中应开展节水评价工作,重点分析用水节水相关政策的符合性,节水工艺技术、循环用水水平、用水指标的先进性等,评价建设项目取用水的必要性和规模的合理性。本章根据以上要求进行论述。

5.1　用水水平评价及节水潜力分析

5.1.1　用水水平评价

5.1.1.1　指标选取及计算公式

根据《节水型企业评价导则》(GB/T 7119—2018)、《企业水平衡测试通则》(GB/T 12452—2008)、《企业用水统计通则》(GB/T 26719—2011)、《用水指标评价导则》(SL/Z 552—2012)、《清洁生产标准 煤炭采选业》(HJ 446—2008)等规定,报告选取原煤生产水耗、选煤生产补水量、矿井涌水利用率、单位产品取水量、企业人均生活用水定额5个主要用水指标。计算公式见表5-1。

表5-1　亭南煤矿用水水平评价指标及公式一览表

序号	评价指标	计算公式	参数概念
1	原煤生产水耗	$S_S = \frac{h}{R}$	S_S—原煤生产水耗, m^3/t;h—年原煤生产耗水量, m^3;R—年原煤产量,t。煤生产水耗不包括生产办公区、生活区等用水

续表 5-1

序号	评价指标	计算公式	参数概念
2	选煤补水耗量	$S_b = \frac{B}{M}$	S_b—选煤补水量，m^3/t；B—年选原煤补水量，m^3；M—年入选原煤量，t
3	矿井涌水利用率	$S_k = \frac{K}{K_Z} \times 100\%$	S_k—矿井涌水利用率(%)；K—年矿井涌水利用总量，m^3；K_Z—年矿井涌水产生总量，m^3
4	单位产品取水量	$V_{ui} = \frac{V_i}{Q}$	V_{ui}—单位产品取水量，m^3/t；V_i—年取水量，m^3；Q—年原煤产量，t
5	企业人均生活用水定额	$V_{1f} = \frac{V_{y1f}}{n}$	V_{lf}—企业人均生活用水定额，$m^3/(人 \cdot d)$；V_{ylf}—全矿生活日用新水量，m^3；n—全矿职工总人数，人

5.1.1.2　指标计算基本参数

用水水平指标计算基本参数见表 5-2。

表 5-2　用水水平指标计算基本参数

序号	基本参数名称	计算参数
1	取新水量/(m^3/d)	采暖期 5 430，非采暖期 5 922
2	矿井涌水产生量/(m^3/d)	55 931
3	矿井涌水利用量/(m^3/d)	采暖期 4 602，非采暖期 5 094
4	原煤生产耗水量/(m^3/d)	1 457
5	选煤厂生产补水/(m^3/d)	1 362
6	生活用水量/(m^3/d)	782(不含净化站浓水)
7	职工人数/(m^3/d)	2 759
8	产品总量/(m^3/d)	505.7 万 t(2019 年产量)
9	年运行天数/d	330

5.1.1.3　指标比较与用水水平分析

根据《清洁生产标准 煤炭采选业》(HJ 446—2008)和《陕西省行

业用水定额》(DB61/T 943—2014)及相关行业用水定额,对亭南煤矿原水资源论证、现状用水水平、节水潜力分析后用水指标进行分析,见表 5-3。

表 5-3　主要用水指标对比分析

序号	指标	单位	原水资源论证	水平衡分析	节水潜力分析后	标准要求
1	原煤生产水耗	m^3/t	0.135	0.095	0.095	清洁生产指标:一级≤0.1,陕西省用水定额:0.2
2	选煤补水量	m^3/t	0.089	0.089	0.089	清洁生产指标:一级≤0.1 陕西省用水定额:0.14
3	单位产品取水量	m^3/t	0.44	0.370	0.359	—
4	矿井涌水利用率	%	采暖期 10.4,非采暖期 11.4	采暖期 8.2,非采暖期 9.1	7.7	—
5	人均生活用水量	$m^3/(人·d)$	0.288	0.283	0.283	—

从表 5-3 可知:

(1)现状原煤生产水耗为 0.095 m^3/t,达到《清洁生产标准 煤炭采选业》(HJ 446—2008)一级标准的要求,属国内清洁生产先进水平。

(2)现状选煤补水量为 0.089 m^3/t,符合《清洁生产标准 煤炭采选业》(HJ 446—2008)一级标准的要求,属国际清洁生产先进水平。

(3)参考其他矿井,矿区人均生活用水基本在 0.3 $m^3/(人·d)$以下,亭南煤矿生活用水量为 0.283 $m^3/(人·d)$。

5.1.2　节水潜力分析

5.1.2.1　现状用水中存在的主要问题

通过本次取用水调查,认为亭南煤矿在取、供、用、耗、排水方面主要存在以下问题：

(1)亭南煤矿现有取水许可证“取水(长水)字〔2008〕第1003号)”，由长武县水政水资源管理委员会于2008年11月发放，水源类型为地下水，取水量为26.65万m^3，该证已于2012年12月31日过期。

(2)经现场调查，工业场地瓦斯抽采及发电站存在少量间歇排水，现状或用于绿化或排入场外冲沟内。

(3)经现场查勘，在黑河总排口处设置排污标识不规范。

5.1.2.2　节水潜力分析

通过现场调查及各系统用水分析，在与亭南煤矿充分沟通后，按照“分质处理、分质回用”，最大化回用中水原则，对亭南煤矿的节水减污潜力分析如下：

(1)根据“陕煤局发〔2015〕98号”文，亭南煤矿核定的生产能力为500万t/a，亭南煤矿2019年产量为505.7万t，与核定产能相差不大。经与业主沟通，亭南煤矿达产时，选煤生产补水量0.089 m^3/t可维持不变，井下洒水量基本维持现状不变，但因产量不同，井下洒水耗水量降为1 394 m^3/d，则原煤生产水耗维持0.095 m^3/t不变。

(2)工业场地瓦斯抽采及发电站存在少量间歇排水，建议统一收集后排入工业场地矿井水处理系统。

(3)矿井涌水预处理损耗按1%计；生活用水净化站(净水得率80%)的浓盐水应全部回用，不外排。

(4)亭南煤矿在风井场地内建设一座瓦斯发电站，由5台700GJZ-PWWD-TEM2-3型集装箱式低浓度瓦斯机组组成，总装机容量3 500 kW，配套低浓度瓦斯细水雾输送系统、变配电系统、冷却循环系统及其他辅助生产系统。目前，设备已基本安装完工，但尚未启用发电，考虑到后续生产过程中随着瓦斯量进一步增加，需要预留瓦斯发电水量，经查阅其设计资料，在与相关设计人员沟通后，风井场地瓦斯发电补水量预估为125 m^3/d。

经节水潜力分析后，亭南煤矿用水指标与其他同地区煤矿对照见表5-4。

表5-4　亭南煤矿用水指标与其他同地区煤矿比照

煤矿名称	规模/(Mt/a)	原煤生产水量/(m^3/t)	选煤生产水量/(m^3/t)	人均生活用水量/[m^3/(人·d)]
高家堡煤矿	5.0	0.10	0.06	0.284
大佛寺煤矿	8.0	0.096	0.050	0.226
小庄煤矿	6.0	0.099	0.050	0.285
亭南煤矿	5.0	0.095	0.089	0.283

5.2　用水工艺与用水过程分析

5.2.1　用水环节与用水工艺分析

根据现场用水核查结果，以现状用水数据比照国家及行业有关标准规范要求、先进用水工艺、节水措施及用水指标，对各系统的用水量、耗水量、排水量进行分析。

5.2.1.1　生活用水系统

生活用水系统包括职工宿舍用水、办公楼用水、食堂用水、洗浴用水、洗衣房用水、招待所用水等。

1. 职工宿舍用水

亭南煤矿现有在籍职工1 457人，外委人员1 302人，合计有2 759人驻矿生活，经分析统计数据，职工宿舍(见图5-1)用水为325 m^3/d(水源井135 m^3/d、处理后的矿井水190 m^3/d)，推算其用水指标为117.8 L/(人·d)，低于《建筑给水排水设计标准》(GB 50015—2019)规定的“宿舍Ⅲ、Ⅳ类用水定额100~150 L/(人·d)”标准。

2. 办公楼用水

办公楼(见图5-2)用水主要为管理和服务人员的冲厕、洗手、拖地等，人数为300人，用水量为15 m^3/d(水源井2 m^3/d、处理后的矿井水13 m^3/d)，反推其用水指标为50 L/(人·d)，满足《煤炭工业矿井设计规范》(GB 50215—2015)中“职工日常生活用水为30~50 L/(人·班)”及《建筑给水排水设计规范》(GB 50015—2009)中“办公

图 5-1 亭南煤矿职工宿舍

楼用水为 30~50 L/(人·班)”的要求。考虑到其水源主要为处理后的矿井水,认为用水基本合理。

图 5-2 亭南煤矿办公楼

3.食堂用水

食堂来水是经反渗透过滤的水源井地下水,水质较好。经统计,职工食堂有 2 759 人用餐,用水量为 185 m^3/d,反推用水指标为 33.5 L/(人·餐)(按两餐计),高于《煤炭工业矿井设计规范》(GB 50215—2015)“食堂生活用水为 20~25 L/(人·餐),日用水量按日出勤总人数、每人每天两餐计算”的要求。

亭南煤矿职工多为外地职工,日常管理较为严格,考虑到职工的一日三餐[用水量为 22.3 L/(人·餐)]全部在矿区食堂,认为其用水合理。

4. 洗浴用水

工业场地浴室主要承担井下工人和地面职工的洗浴任务，有沐浴喷头 120 个，池浴面积合计 60 m^2，用水 330 m^3/d。经计算，用水满足《煤炭工业矿井设计规范》(GB 50215—2015)“淋浴器水量 540 L/(只·h)，每班 1 h；池浴面积×0.7 m，每日充水 3 次”的要求。

5. 洗衣房用水

亭南煤矿井下工人 1 200 人，为方便井下工人清洗工作服，工业场地设有职工洗衣房一间(见图 5-3)，用水量 128 m^3/d。根据《煤炭工业矿井设计规范》(GB 50215—2015)“洗衣用水 80 L/(kg·干衣)，按全矿井下井人员 1.5 kg/(人·天干衣计)”的要求，推算出洗衣用水为 144 m^3/d，与现状用水量相差不大。

图 5-3　洗衣房实景

6. 招待所用水

矿区招待所设有标准间 35 间，单人间 10 间，套房 3 间，主要承担上级部门和地方相关部门检查、厂方服务等人员的接待住宿任务，经查阅近年台账，住宿人数折合每天约 45 人，按照《陕西省行业用水定额》(DB 61/T 943—2014)中“关中地区一般旅馆用水定额为 90 L/(床·d)”的要求，推算矿区招待所用水为 4.0 m^3/d(水源井 2.0 m^3/d、处理后的矿井水 2.0 m^3/d)。

5.2.1.2　生产用水系统

生产系统用水主要包括井下洒水、灌浆用水、瓦斯抽采及发电补水和选煤厂补水等。

1. 井下洒水

亭南煤矿井下现有 MG400/930-WD 双滚筒交流电牵引采煤机 2 台,采用中部手控、两端电控、无线摇控操纵方式,泵工作压力 23 MPa(最高压力 25 MPa),采用内、外喷雾灭尘方式,内喷雾工作压力不小于 2 MPa、外喷雾工作压力不小于 4 MPa,喷雾流量与机型相匹配;采用 ZF10000/20/38 型放顶煤液压支架支护顶板,运输顺槽端头采用 ZTZ26000/24040 型端头支护,运输顺槽和回风顺槽超前段采用 ZCZ12700/24040 型超前支护,由转载点转至胶带运输机进行原煤运输的综采工作面配套方式,每个支架设 2 组喷雾,每组 2 个喷头。工作面前后部刮板运输机头及各转载点均安装装载喷雾装置,综掘工作面综掘机使用内外喷雾,距迎头 30 m 和 50 m 内各安设 1 组风流净化水幕。

井下洒水主要用于回采和综掘工作面的降尘喷雾及巷道冲洗,洒水量为 1 959 m^3/d,井下各用水单元水量统计见表 5-5。

表 5-5 井下各用水单元水量统计

序号	名称	用水定额/(L/min)	设施数量	日工作时间/h	用水量/(m^3/d)
1	喷雾泵站	315	4	8	605
2	支架喷雾	35	6	10	126
3	破碎机	80	2	10	96
4	煤电钻	5	8	8	19.2
5	混凝土施工用水量	25	2	10	30
6	转载点喷雾	18	17	16	293.8
7	转载点喷雾	18	12	24	311
8	冲洗巷道用水量	20	8	3	28.8
9	风流净化水幕	18	8	16	138.2
		18	12	24	311
井下用水合计		—	—	—	1 959

本次工作于 2020 年 9 月进行了原煤生产耗水量试验,试验原理如下:

原煤生产耗水量=原煤带走水量+通风耗水量+黄泥灌浆耗水量

原煤带走水量=原煤产量×(升井煤含水率-井下原煤含水率)

通风耗水量＝通风量×(回风井绝对湿度－进风井绝对湿度)
　　　　　＝通风量×(回风井空气饱和含水率×回风井相对湿度－进风井空气饱和含水率×进风井相对湿度)

黄泥灌浆析出比＝析出清水重量/黄泥浆总重量

亭南煤矿试验数据与结果见表 5-6。

表 5-6　亭南煤矿试验数据与结果

原煤带走水量试验数据					
综采面原煤含水率	升井皮带原煤含水率	年产量/万 t	原煤带走水量/(t/d)		
4.63%	13.2%	505.7	$505.7\times10^4\times$(13.2%−4.63%)/330＝1 313		
通风耗水量试验数据					
进风温度/℃	进风相对湿度	回风温度/℃	回风相对湿度	通风量/(m^3/min)	通风耗水量/(t/d)
31.0	47.5%	23.8	86.2%	20 000	(21.306×86.2%−31.702×47.5%)×20 000×60×24/10^6＝95.3
原煤生产水耗					
原煤生产水耗＝(1 313+96+48)/505.7/330＝0.095(m^3/t)					

2. 灌浆用水

本矿井煤层属易自燃，本着预防为主的方针，对煤层自然发火，采取灌浆、注氮等防灭火的安全措施，在工业场地和风井场地分别设置黄泥灌浆站(见图 5-4、图 5-5)。工业场地灌浆配备 4 座注浆池(1.9 m×1.1 m×2 m)和 4 台泥浆搅拌机，风井场地灌浆配备 4 座注浆池(23 m×3.0 m×2.3 m)和 4 台泥浆搅拌机(NJB−10)。

图 5-4 工业场地黄泥灌浆站

(a)黄泥灌浆站

(b)现场查验

(c)管理制度

(d)液态二氧化碳防灭火系统

图 5-5 风井场地黄泥灌浆站

灌浆站以黄土为灌浆材料,采用采空区埋管灌浆的方法进行预防性灌浆,回采工作面随采随灌,灌浆工作制度为每天三班工作,灌浆时间为 16 h,灌浆量约 116 m^3/d,灌浆泥水比取 1∶5,灌浆水量为 96 m^3/d;估算灌浆析出水约 48 m^3/d,灌浆耗水约 48 m^3/d。

3. 瓦斯抽采及发电补水

亭南煤矿属高瓦斯矿井,瓦斯相对涌出量为 18.59 m^3/t,绝对涌出量为 104.20 m^3/min。为有效利用瓦斯,亭南煤矿在工业场地和风井场地各建有瓦斯抽采及综合利用工程,即利用抽排低浓度瓦斯作为燃料进行发电。

工业场地瓦斯抽采及发电工程位于工业场地西南角塬上张家嘴村,占地面积 3.1 hm^2。瓦斯抽采系统于 2009 年建成运行,瓦斯发电设计安装 24 台 500GF1-3RW 型瓦斯发电机组,总装机容量达到 12 000 kW,实际安装 12 台,其中前期 8 台机组于 2010 年 9 月运行,后续 4 台机组于 2012 年 7 月投入运行。

风井场地瓦斯抽采及发电工程位于工业场地西侧 4 km 处的中塬风井场地内,占地 1.3 hm^2,水源来自井下清水。瓦斯抽采系统于 2014 年建成运行,瓦斯发电机组已基本安装完工,目前尚未运行发电。

1)瓦斯抽采补水

瓦斯具有爆炸性和可燃性,在抽放时不能产生高温高压现象,为避免火源和机械火花及高温,进行瓦斯抽放时,选用水环式真空瓦斯抽放泵,该泵在抽放瓦斯时,以水为介质,可避免燃烧和爆炸事故。传统水环式瓦斯抽采泵采用一般工业用水供水、开式循环系统,水环式瓦斯抽采泵使用一段时间后容易结垢,水垢会堵塞孔道、间隙,粘牢零件结合面,影响泵的工作性能,同时排水量较大。

亭南煤矿瓦斯抽采泵选用带有冷却塔的闭式水环真空瓦斯抽采泵系统,其特点有:①降温效果明显;②冷却水循环利用,节约水资源。地面瓦斯抽采系统工作示意见图 5-6,地面瓦斯抽采站实景见图 5-7。

(1)工业场地瓦斯抽采补水。

工业场地瓦斯抽采站安装 3 套抽采系统,选用 8 台 2BEC72 型水环式真空泵(6 用 2 备),抽采规模 300 m^3/min,配备 1 台 GBNL-200 型

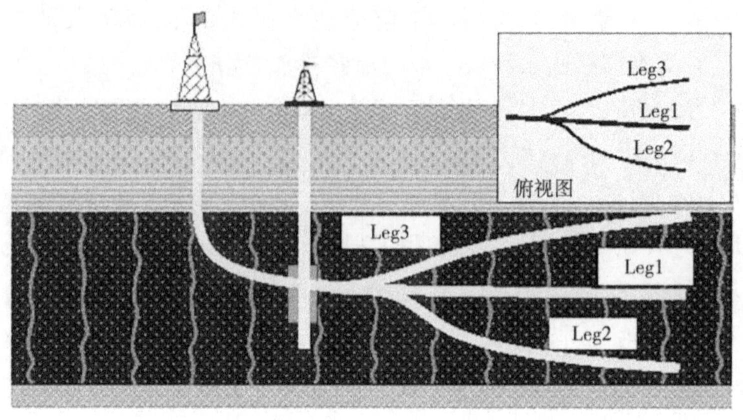

图 5-6　地面瓦斯抽采系统工作示意图

冷却塔,设 2 个循环水池(80 m^2×2),循环水量为 4 800 m^3/d,补水量采暖期为 70 m^3/d,非采暖期为 93 m^3/d。

经推算,冷却塔补水量采暖期为循环水量的 1.46%,非采暖期为循环水量的 1.9%,小于《煤炭工业给水排水设计规范》(GB 50810—2012)中“循环冷却补充水占循环水量 10%”的规定。工业场地瓦斯抽采站水量平衡示意图见图 5-8 和图 5-9。

(2)风井场地瓦斯抽采补水。

风井场地瓦斯抽采设置 8 台 2BEC72 型水环式真空抽采泵进行抽采(4 用 4 备),配备 $GBNL_3$-150 型逆流式玻璃钢冷却塔 1 座,设 2 个循环水池(7.8 m×11.3 m,3.11 m×7.8 m),循环水量为 3 600 m^3/d,补水量采暖期为 21 m^3/d,非采暖期为 40 m^3/d。

经推算,冷却塔补水量采暖期为循环水量的 0.6%,非采暖期为循环水量的 1.1%,小于《煤炭工业给水排水设计规范》(GB 50810—2012)中“循环冷却补充水占循环水量 10%”的规定。风井场地瓦斯抽采站水量平衡示意图见图 5-10 和图 5-11。

(a)瓦斯抽采泵房

(b)瓦斯抽采泵

(c)冷却塔及循环冷却池

(d)瓦斯抽采管道

图 5-7　地面瓦斯抽采站实景图

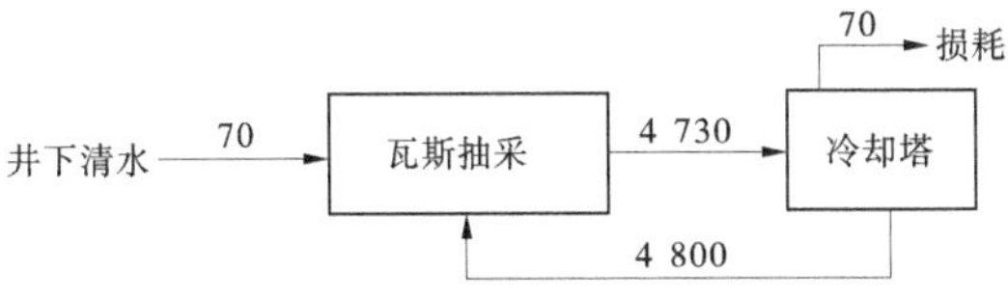

图 5-8　工业场地瓦斯抽采站采暖期水量平衡示意图　（单位：m^3/d）

2) 瓦斯发电补水

由于风井场地瓦斯发电尚未运行发电，本次仅对工业场地瓦斯发电用水进行复核。

工业场地瓦斯发电站实际安装 12 台 500GF1-3RW 型瓦斯发电机组，总装机容量达到 6 000 kW，投资 4 511.26 万元，由胜利油田胜利动

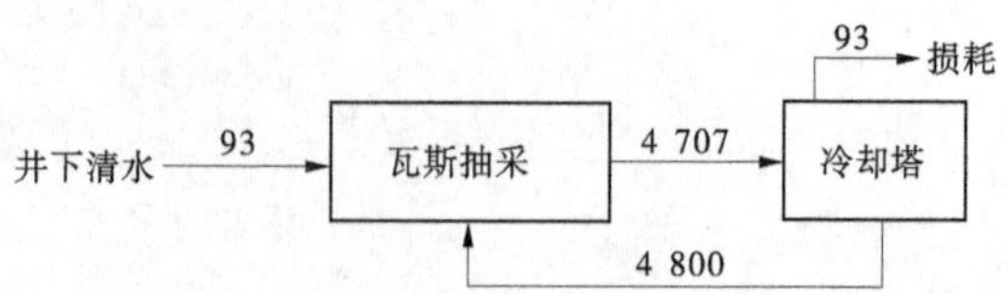

图 5-9 工业场地瓦斯抽采站非采暖期水量平衡示意图 (单位:m^3/d)

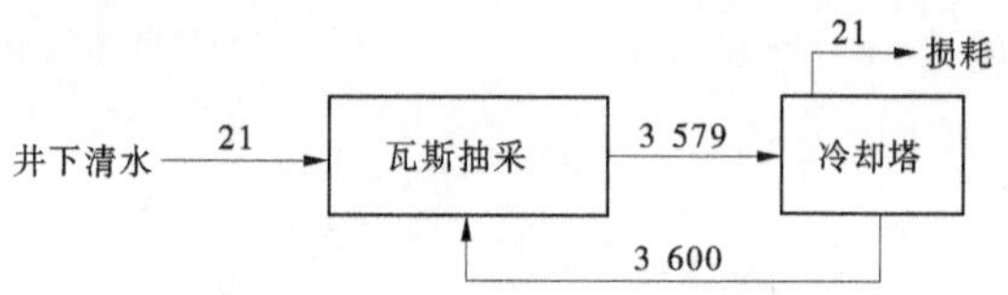

图 5-10 风井场地瓦斯抽采站采暖期水量平衡示意图 (单位:m^3/d)

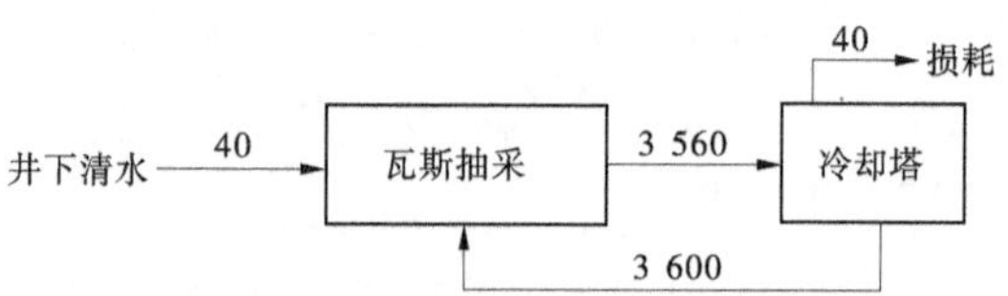

图 5-11 风井场地瓦斯抽采站非采暖期水量平衡图 (单位:m^3/d)

力机械集团有限公司管理运营。

瓦斯发电工艺流程为:瓦斯被水环式真空泵从井下抽出进入瓦斯调配系统,经管路上的丝网过滤器、低温湿式放散阀和细水雾发生器后,进入位于发电机组前端的循环脱水器,进行脱水后安全地进入发电系统。在发电系统内,瓦斯经过单点喷射和空气混合后在内燃机中燃烧做功,内燃机带动发电机转动,最终将热能转化为电能。工业场地瓦斯发电工艺流程见图 5-12,工业场地瓦斯发电站实景图见图 5-13、图 5-14,工业场地瓦斯发电站运行以来发电量及瓦斯利用量统计见表 5-7。

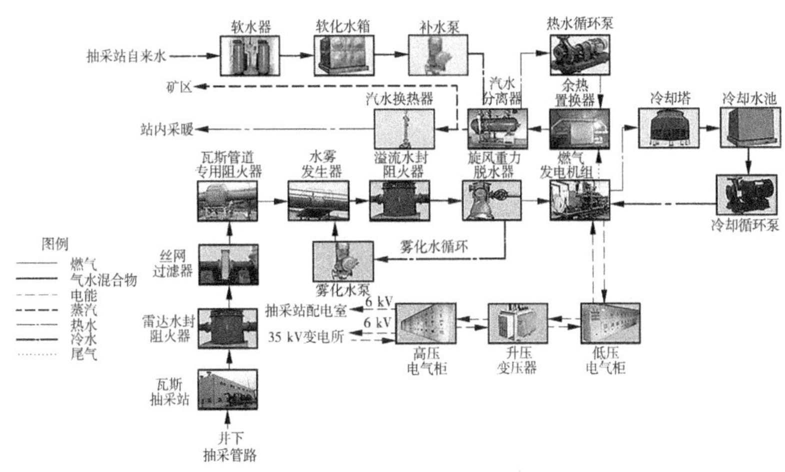

图 5-12　工业场地瓦斯发电工艺流程

图 5-13　工业场地瓦斯发电站实景

图 5-14 风井场地瓦斯发电站实景图

表 5-7 工业场地瓦斯发电站运行以来发电量及瓦斯利用量统计

时间	发电量/(万 kW·h)	利用瓦斯量/万 m^3	时间	发电量/(万 kW·h)	利用瓦斯量/万 m^3
2010 年	76	25	2014 年	2 329	776
2011 年	868	289	2015 年	2 390	797
2012 年	1 714	571	2016 年(至 9 月)	1 494	539
2013 年	2 080	693			

经现场调研,工业场地瓦斯发电站现状用水主要为发电站循环冷却水和少量的余热回收换热站、细水雾补水。

(1)循环冷却水系统采用 4 台 $GBNL_3$-400 逆流式玻璃钢冷却塔(高、低温各 2 台),单排并列布置,4 台冷却塔分别坐落于 4 个循环水池上(总容积为 768 m^3,单池容积为 192 m^3,尺寸为:长×宽×高=8 m×8 m×3 m),工艺流程如下:

工业场地转输泵→冷却水池→冷却循环泵→发电机组

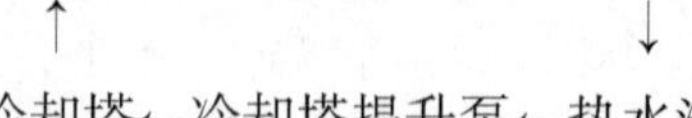

(2)瓦斯发电站余热回收至工业场地水源热泵房,换热器补水量

较少。

(3)瓦斯调配系统中的细水雾发生器用水,主要是为防止瓦斯输送因静电产生的电火花所引起的火焰传播,从而在瓦斯输送管道内产生连续的细水雾,因瓦斯在进入发电机组前需进行脱水,其补水量极少。

经查阅近年用水台账,工业场地瓦斯发电站补水量为 210 m^3/d,见表 5-8。

表 5-8　瓦斯发电站补水量一览表

序号	用水项目	补水量
1	循环冷却水补充水	208 m^3/d
2	细水雾补水	0.5 m^3/d
3	余热回收换热站补水量	1.5 m^3/d
4	日补水量	210 m^3

综上所述,亭南煤矿瓦斯抽采及发电系统补水量采暖期为 301 m^3/d,非采暖期为 343 m^3/d,见表 5-9。

表 5-9　亭南煤矿瓦斯抽采及发电补水量一览表

用水项目		补水量/(m^3/d)		说明
		采暖期	非采暖期	
工业场地瓦斯抽采及发电	瓦斯抽采	70	93	水源为井下清水
	瓦斯发电	210	210	
	小计	280	303	
风井场地瓦斯抽采及发电		21	40	
合计		301	343	

4. 选煤厂补水

亭南煤矿选煤厂设计能力为 1 150 t/h,入洗原料煤全部来自亭南煤矿,属矿井型选煤厂。选煤工艺为:25~150 mm 块煤采用重介浅槽分选工艺,1~25 mm 末煤采用两产品重介旋流器再洗分选工艺,0.25~1 mm 粗煤泥采用干扰床分选工艺,0~0.25 mm 细煤泥采用快开隔膜压滤机回收工艺,煤泥水闭路循环。

经统计,2019 年亭南煤矿原煤产量为 505.7 万 t,全部入洗,选煤厂生产补水量为 44.95 万 m^3(1 362 m^3/d),吨煤耗水量折算为 0.089 m^3/t。亭南煤矿选煤厂实景图见图 5-15。

图 5-15 亭南煤矿选煤厂实景图

5.2.1.3 其他杂用水

1. 绿化用水

亭南煤矿绿地面积约 8.0 hm^2,主要为矿区工业场地、风井场地及矸石山绿化等,用水量约 230 m^3/d,推算其用水定额为 2.88 L/(m^2·d),符合《煤炭工业给水排水设计规范》(GB 50810—2012)"绿化用水量可采用 1.0~3.0 L/(m^2·d)计算"的要求。冬季不进行绿化喷洒。厂区绿化实景图见图 5-16。

2. 地面及道路洒水

矿区地面及道路洒水量为 140 m^3/d,洒水面积约 5.0 hm^2,推算其用水定额约 2.8 L/(m^2·d),符合《煤炭工业给水排水设计规范》(GB 50810—2012)"浇洒道路用水量可采用 2.0~3.0 L/(m^2·d)计算"的要求。矿区扬尘较大,冬季进行少量喷洒,估算洒水量约 40 m^3/d。厂区道路喷洒实景图见图 5-17。

3. 储煤场洒水

储煤场洒水分为储煤场防尘洒水、地面冲洗和洗车台冲洗水,水源来自处理后的矿井水,估算需水量采暖期为 80 m^3/d、非采暖期为 200 m^3/d。地面和洗车台冲洗水经收集后至雨水池后,再返回矿井水处理站。储煤场洒水系统实景图见图 5-18。

图 5-16　厂区绿化实景图

图 5-17　厂区道路喷洒实景图

(a)洗车台 (b)车辆冲洗

(c)地面冲洗 (d)雨水收集池

图 5-18 储煤场洒水系统实景图

5.2.2 用水过程与水量平衡分析

合理性分析前后的用水量变化主要为风井场地瓦斯抽采发电新增补水 125 m^3/d,其他生产、生活用水量无变化。

经节水潜力分析后,亭南煤矿取水源井地下水 828 m^3/d;产生的 73 200 m^3/d 井下排水,有 732 m^3/d 为处理损耗,采暖期 4 154 m^3/d 回用于自身矿井、68 314 m^3/d 外排入河,非采暖期 4 646 m^3/d 回用于自身矿井、67 822 m^3/d 外排入河。

生活净化站浓水及生活污水至亭口镇污水处理厂处理。

节水潜力分析后的水量平衡见表 5-10、表 5-11 和图 5-19、图 5-20。

表 5-10　节水潜力分析后采暖期水量平衡统计　　单位:m^3/d

<table>
<tr><th rowspan="2">序号</th><th rowspan="2" colspan="2">用水项目</th><th colspan="2">取新水量</th><th rowspan="2">用水量(含回用水)</th><th rowspan="2">耗水量</th><th rowspan="2">回用量</th><th rowspan="2">排水量</th><th rowspan="2">说明</th></tr>
<tr><th>地下水</th><th>矿井水</th></tr>
<tr><td>1</td><td colspan="2">浴室用水</td><td>330</td><td>0</td><td>330</td><td>17</td><td>0</td><td>313</td><td rowspan="6">至亭口镇生活污水处理厂</td></tr>
<tr><td>2</td><td colspan="2">洗衣房用水</td><td>128</td><td>0</td><td>128</td><td>10</td><td>0</td><td>118</td></tr>
<tr><td>3</td><td colspan="2">招待所用水</td><td>2</td><td>0</td><td>4</td><td>0.2</td><td>2</td><td>3.8</td></tr>
<tr><td>4</td><td colspan="2">办公楼用水</td><td>2</td><td>0</td><td>15</td><td>1</td><td>13</td><td>14</td></tr>
<tr><td>5</td><td colspan="2">职工宿舍用水</td><td>135</td><td>0</td><td>325</td><td>16</td><td>190</td><td>309</td></tr>
<tr><td>6</td><td colspan="2">食堂用水</td><td>0</td><td>0</td><td>185</td><td>37</td><td>185</td><td>148</td></tr>
<tr><td>7</td><td colspan="2">黄泥灌浆用水</td><td>0</td><td>0</td><td>96</td><td>48</td><td>96</td><td>48</td><td rowspan="2">至矿井水处理站</td></tr>
<tr><td>8</td><td colspan="2">井下洒水</td><td>0</td><td>0</td><td>1 959</td><td>1 394</td><td>1 959</td><td>565</td></tr>
<tr><td>9</td><td rowspan="2">瓦斯抽采及发电补水</td><td>风井场地</td><td>0</td><td>0</td><td>146</td><td>146</td><td>146</td><td>0</td><td></td></tr>
<tr><td>10</td><td>工业场地</td><td>0</td><td>0</td><td>280</td><td>280</td><td>280</td><td>0</td><td></td></tr>
<tr><td>11</td><td colspan="2">储煤场喷洒补水</td><td>0</td><td>0</td><td>80</td><td>80</td><td>80</td><td>0</td><td></td></tr>
<tr><td>12</td><td colspan="2">选煤厂补水</td><td>0</td><td>0</td><td>1 348</td><td>1 348</td><td>1 348</td><td>0</td><td></td></tr>
<tr><td>13</td><td colspan="2">地面及道路洒水</td><td>0</td><td>0</td><td>40</td><td>40</td><td>40</td><td>0</td><td></td></tr>
<tr><td>14</td><td colspan="2">绿化洒水</td><td>0</td><td>0</td><td>0</td><td>0</td><td>0</td><td>0</td><td></td></tr>
<tr><td colspan="3">小计</td><td>597</td><td>0</td><td>4 936</td><td>3 417.2</td><td>4 339</td><td>1 518.8</td><td></td></tr>
<tr><td>15</td><td colspan="2">净化站</td><td>231</td><td>0</td><td>231</td><td>0</td><td>0</td><td>231</td><td>软水至食堂,浓盐水至生活污水处理站</td></tr>
<tr><td>16</td><td colspan="2">矿井水处理站</td><td>0</td><td>73 200</td><td>73 200</td><td>732</td><td>0</td><td>72 468</td><td>回用至生产生活,多余外排</td></tr>
<tr><td colspan="3">合计</td><td>828</td><td>73 200</td><td>78 367</td><td>4 149.2</td><td>4 339</td><td>74 217.8</td><td></td></tr>
<tr><td colspan="3">说明</td><td colspan="7">矿井涌水量 73 200,处理损失 732,回用于生产、生活 4 154,外排黑河 68 314,生活污水 951.8,排至亭口镇污水处理厂</td></tr>
<tr><td colspan="10">根据《企业水平衡测试通则》(GB/T 12452—2008):1. 用水量是指在确定的用水单元或系统内,使用的各种水量的总和,即新水量和重复利用水量之和。2. 新水量是指企业内用水单元或系统取自任何水源被该企业第一次利用的水量。3. 重复利用水量为循环水量和串联水量的总和。4. 回用水量是指企业产生的排水,直接或经处理后再利用于某一用水单元或系统的水量。5. 耗水量是指在确定的用水单元或系统内,生产过程中进入产品、蒸发、飞溅、携带及生活饮用等所消耗的水量。6. 排水量是指对于确定的用水单元或系统,完成生产过程和生产活动之后排出企业之外以及排出该单元进入污水系统的水量</td></tr>
</table>

表 5-11 节水潜力分析后非采暖期水量平衡统计 单位：m^3/d

<table>
<tr><th rowspan="2">序号</th><th rowspan="2" colspan="2">用水项目</th><th colspan="2">取新水量</th><th rowspan="2">用水量（含回用水）</th><th rowspan="2">耗水量</th><th rowspan="2">回用量</th><th rowspan="2">排水量</th><th rowspan="2">说明</th></tr>
<tr><th>地下水</th><th>矿井水</th></tr>
<tr><td>1</td><td colspan="2">浴室用水</td><td>330</td><td>0</td><td>330</td><td>17</td><td>0</td><td>313</td><td rowspan="6">至亭口镇生活污水处理厂</td></tr>
<tr><td>2</td><td colspan="2">洗衣房用水</td><td>128</td><td>0</td><td>128</td><td>10</td><td>0</td><td>118</td></tr>
<tr><td>3</td><td colspan="2">招待所用水</td><td>2</td><td>0</td><td>4</td><td>0.2</td><td>2</td><td>3.8</td></tr>
<tr><td>4</td><td colspan="2">办公楼用水</td><td>2</td><td>0</td><td>15</td><td>1</td><td>13</td><td>14</td></tr>
<tr><td>5</td><td colspan="2">职工宿舍用水</td><td>135</td><td>0</td><td>325</td><td>16</td><td>190</td><td>309</td></tr>
<tr><td>6</td><td colspan="2">食堂用水</td><td>0</td><td>0</td><td>185</td><td>37</td><td>185</td><td>148</td></tr>
<tr><td>7</td><td colspan="2">黄泥灌浆用水</td><td>0</td><td>0</td><td>96</td><td>48</td><td>96</td><td>48</td><td rowspan="2">至矿井水处理站</td></tr>
<tr><td>8</td><td colspan="2">井下洒水</td><td>0</td><td>0</td><td>1 959</td><td>1 394</td><td>1 959</td><td>565</td></tr>
<tr><td>9</td><td rowspan="2">瓦斯抽采及发电补水</td><td>风井场地</td><td>0</td><td>0</td><td>165</td><td>165</td><td>165</td><td>0</td><td></td></tr>
<tr><td>10</td><td>工业场地</td><td>0</td><td>0</td><td>303</td><td>303</td><td>303</td><td>0</td><td></td></tr>
<tr><td>11</td><td colspan="2">储煤场喷洒补水</td><td>0</td><td>0</td><td>200</td><td>200</td><td>200</td><td>0</td><td></td></tr>
<tr><td>12</td><td colspan="2">选煤厂补水</td><td>0</td><td>0</td><td>1 348</td><td>1 348</td><td>1 348</td><td>0</td><td></td></tr>
<tr><td>13</td><td colspan="2">地面及道路洒水</td><td>0</td><td>0</td><td>140</td><td>140</td><td>140</td><td>0</td><td></td></tr>
<tr><td>14</td><td colspan="2">绿化洒水</td><td>0</td><td>0</td><td>230</td><td>230</td><td>230</td><td>0</td><td></td></tr>
<tr><td colspan="3">小计</td><td>597</td><td>0</td><td>5 428</td><td>3 909.2</td><td>4 831</td><td>1 518.8</td><td></td></tr>
<tr><td>15</td><td colspan="2">净化站</td><td>231</td><td>0</td><td>231</td><td>0</td><td>0</td><td>231</td><td>软水至食堂，浓盐水至生活污水处理站</td></tr>
<tr><td>16</td><td colspan="2">矿井水处理站</td><td>0</td><td>73 200</td><td>73 200</td><td>732</td><td>0</td><td>72 468</td><td>回用至生产生活，多余外排</td></tr>
<tr><td colspan="3">合计</td><td>828</td><td>73 200</td><td>78 859</td><td>4 641.2</td><td>4 831</td><td>74 217.8</td><td></td></tr>
<tr><td colspan="3">说明</td><td colspan="7">矿井涌水量 73 200，处理损失 732，回用于生产、生活 4 646，外排黑河 6 7822，生活污水 951.8，排至亭口镇污水处理厂</td></tr>
</table>

根据《企业水平衡测试通则》（GB/T 12452—2008）：1. 用水量是指在确定的用水单元或系统内，使用的各种水量的总和，即新水量和重复利用水量之和。2. 新水量是指企业内用水单元或系统取自任何水源被该企业第一次利用的水量。3. 重复利用水量为循环水量和串联水量的总和。4. 回用水量是指企业产生的排水，直接或经处理后再利用于某一用水单元或系统的水量。5. 耗水量是指在确定的用水单元或系统内，生产过程中进入产品、蒸发、飞溅、携带及生活饮用等所消耗的水量。6. 排水量是指对于确定的用水单元或系统，完成生产过程和生产活动之后排出企业之外以及排出该单元进入污水系统的水量

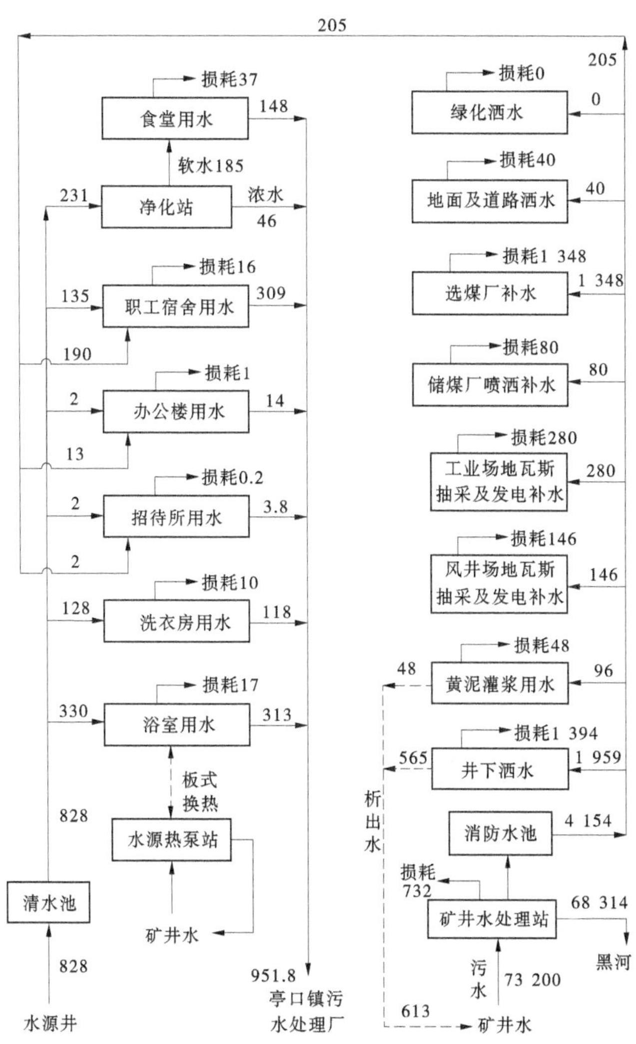

图5-19　节水潜力分析后采暖期水量平衡图　（单位：m^3/d）

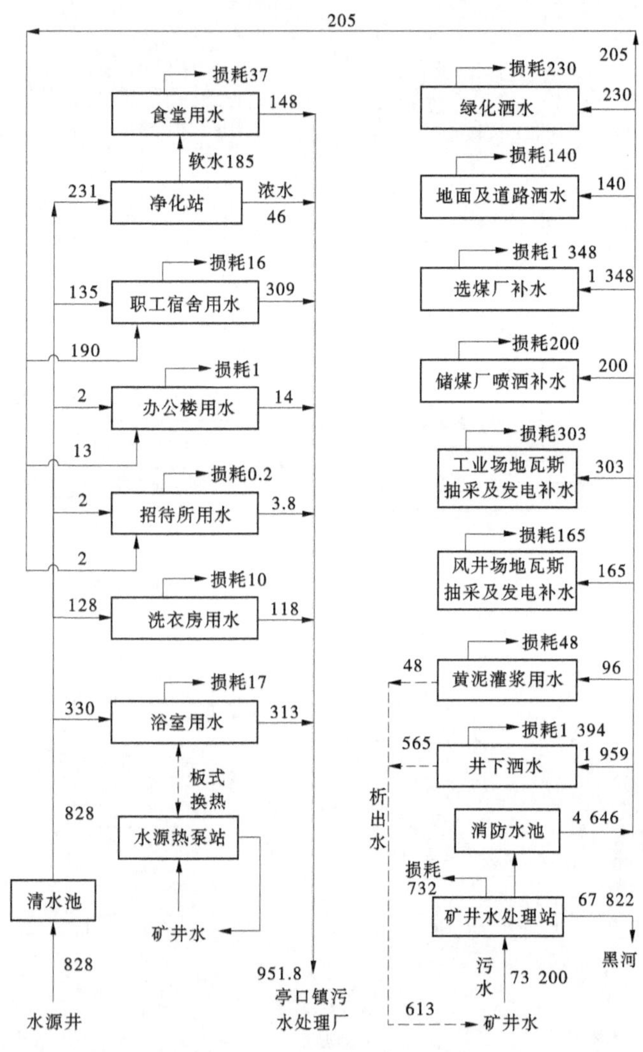

图 5-20 节水潜力分析后非采暖期水量平衡图 （单位：m^3/d）

5.3　取用水规模节水符合性评价

5.3.1　节水指标先进性评价

根据《清洁生产标准 煤炭采选业》(HJ 446—2008)和《陕西省行业用水定额》(DB61/T 943—2014)及相关行业用水定额,对亭南煤矿原水资源论证、现状用水水平、节水潜力分析后用水指标进行分析,见表 5-12。

表 5-12　主要用水指标对比分析

序号	指标	单位	原水资源论证	水平衡分析	节水潜力分析后	标准要求
1	原煤生产水耗	m^3/t	0.135	0.095	0.095	清洁生产指标:一级≤0.1,陕西省用水定额:0.2
2	选煤补水量	m^3/t	0.089	0.089	0.089	清洁生产指标:一级≤0.1 陕西省用水定额:0.14
3	单位产品取水量	m^3/t	0.44	0.370	0.359	—
4	矿井涌水利用率	%	采暖期 10.4,非采暖期 11.4	采暖期 10.4,非采暖期 11.3	7.7	清洁生产三级标准≥70%
5	人均生活用水量	m^3/(人·d)	0.288	0.283	0.283	—

从表 5-12 可知:

(1)现状经节水潜力分析后,原煤生产水耗为 0.095 m^3/t,达到《清洁生产标准 煤炭采选业》(HJ 446—2008)一级标准的要求,属国内清洁生产先进水平,且优于原水资源论证要求。

(2)现状选煤补水量为 0.089 m^3/t,符合《清洁生产标准 煤炭采选业》(HJ 446—2008)一级标准的要求,属国际清洁生产先进水平。

(3)参考其他矿井,矿区人均生活用水基本在 0.3 m^3/(人·d)以下,亭南煤矿生活用水量为 0.283 m^3/(人·d)。

5.3.2 取用水规模核定

矿井涌水预处理损耗按1.0%计,则亭南煤矿全年总用水量为206.0万m^3/a(地下水30.2万m^3/a、矿井涌水149.1万m^3/a、矿井水处理损失26.7万m^3/a)。其中,生活取水量37.7万m^3/a(地下水30.2万m^3/a、矿井涌水7.5万m^3/a),生产取水量168.3万m^3/a(全部为矿井涌水)。

5.4 节水评价结论与建议

5.4.1 结论

(1)就目前生产工艺而言,亭南煤矿原煤生产水耗达到国际先进水平,选煤补水量达到国际先进水平,生活用水达到周围类似煤矿的节水水平。

(2)与原水资源论证要求相比,本次多项指标优于原水资源论证,说明原水资源论证批复得到充分重视和认真执行。

(3)合理性分析后,亭南煤矿全年总用水量为206.0万m^3/a(地下水30.2万m^3/a、矿井涌水149.1万m^3/a、矿井水处理损失26.7万m^3/a)。其中,生活取水量37.7万m^3/a(地下水30.2万m^3/a、矿井涌水7.5万m^3/a),生产取水量168.3万m^3/a(全部为矿井涌水)。

5.4.2 建议

建议亭南煤矿积极开展清洁生产审核工作,加强生产用水和非生产用水的计量与管理,每隔三年进行一次全厂水平衡测试及各水系统水质分析测试,找出薄弱环节和节水潜力,及时调整和改进节水方案,不断研究开发新的节水、减污清洁生产技术,提高水的重复利用率。

同时为了减少新鲜水的使用,亭南煤矿可以进一步挖掘节水潜力,如增设矿井水深度处理设备将其回用于职工生活用水等。

第 6 章　取水水源论证研究

6.1　水源方案及合理性分析

按照《地下水管理条例》(国务院令 768 号)、《水利部关于非常规水源纳入水资源统一配置的指导意见》(水资源〔2017〕274 号)、《关于印发〈国家节水行动方案〉的通知》(发改环资规〔2019〕695 号)、《关于推进污水资源化利用的指导意见》(发改环资〔2021〕13 号)等文件的要求,“矿产资源开采疏干排水应当优先利用,无法利用的应当达标排放”。“大力鼓励工业用水优先使用非常规水源。缺水地区、地下水超采区和京津冀地区,具备使用再生水条件的高耗水行业应优先配置再生水。大力推动城市杂用水优先使用非常规水源。缺水地区、地下水超采区和京津冀地区,城市绿化、冲厕、道路清扫、车辆冲洗、建筑施工、消防等用水应优先配置再生水和集蓄雨水。规划或建设项目水资源论证中,应首先分析非常规水源利用的可行性,并结合技术经济合理性分析,确定非常规水源利用方向和方式,提出非常规水源配置方案或利用方案。缺水地区、地下水超采区和京津冀地区,未充分使用非常规水源的,不得批准新增取水许可”。

根据现场调研,亭南煤矿现状水源为自身矿井涌水和地下水,其中地下水主供生活,矿井涌水除供生产外,还作为办公楼、招待所、职工宿舍的冲厕用水。研究认为,亭南煤矿现有水源方案符合按照《水利部关于非常规水源纳入水资源统一配置的指导意见》(水资源〔2017〕274 号)的有关要求,水源方案是合理的。

6.2　矿井涌水水源论证

6.2.1　井田地质构造

6.2.1.1　地层

彬长矿区位于陕西省黄陇侏罗纪煤田西部,涉及彬县全境和长武县南部的主要含煤区域。地层属华北构造地层区鄂尔多斯分区焦坪-华亭小区,地层发育由老到新依次有三叠系(T)、侏罗系(J)、白垩系(K)、新近系(N)和第四系(Q)。

井田内为第四系黄土及上第三系红土所覆盖,仅在泾河、黑河河谷、宇家山南沟及巨家沟出露有白垩系地层,整体地层发育与区域地层相一致。依据钻孔揭露,区内地层由老到新依次为:三叠系上统胡家村组(T_3h),侏罗系下统富县组(J_1f),侏罗系中统延安组(J_2y)、直罗组(J_2z)、安定组(J_2a),白垩系下统宜君组(K_1y)、洛河组(K_1l)、华池组(K_1h),新近系(N),第四系下更新统(Q_1)、中更新统(Q_2)、上更新统(Q_3)、全新统(Q_4)。现分述如下。

1. 三叠系上统胡家村组(T_3h)

岩性为灰色、深灰色泥岩、粉砂岩夹灰绿色中厚层状中-细粒长石砂岩。泥岩质纯细腻,水平层理发育,风化后呈薄片状。砂岩分选好,胶结致密,具均匀层理及波状层理。本组地表无出露,钻孔均未见底,最大钻厚61.10 m(TN-1孔)。本组为含煤岩系沉积基底,顶面起伏不平,经侏罗系下统富县组填平补齐后,为延安组煤层沉积创造了有利条件。

2. 侏罗系

区内无出露,仅在区外的水帘沟、火石嘴以及彬县以东百子沟一带有出露。

1) 侏罗系下统富县组(J_1f)

岩性为灰色、灰绿色及紫杂色泥岩,多呈花斑状,含铝质,具鲕粒,松软,易破碎。底部偶见角砾,角砾成分多为三叠系砂岩、泥岩块。本组厚度变化较大，部分地段缺失。厚度 0~33.25 m（175 孔），平均厚度 8.36 m。其沉积厚度、岩性及沉积类型变化较大，以残积相沉积为特征。凹陷区沉积厚，隆起区变薄或尖灭。统计表明，富县组沉积厚度大，煤层厚度也增大；若沉积厚度小，煤层厚度相对较薄。如 96 号孔，富县组厚度 31.30 m，其煤层厚度 23.24 m（区内最大厚度）。175 号孔，富县组厚度 33.25 m，其煤层厚度 21.05 m；如 ZK1-1 孔，富县组缺失，其煤层厚度 2.10 m。

2）侏罗系中统延安组（J_2y）

延安组为本区含煤地层，钻孔揭露普遍沉积，最大厚度 105.24 m（ZK10-1 孔），平均厚度 63.92 m。岩性以河沼相砂泥岩沉积为主，含煤 0~4 层，其中可采煤层 1 层。

延安组下部为深灰色泥岩、砂质泥岩、4 号煤层及铝质泥岩；中部为灰-灰白色中-粗粒砂岩、粉砂岩、深灰色泥岩、砂质泥岩夹炭质泥岩及薄煤层；上部为灰色泥岩与砂质泥岩互层。延安组富含植物化石及黄铁矿结核，与富县组假整合接触，或超覆于三叠系之上。区内凹陷区延安组最厚，向隆起区逐渐变薄。

3）侏罗系中统直罗组（J_2z）

上部为紫红色、紫杂色及灰绿色泥岩夹灰绿色砂岩，含黄铁矿结核；中下部为灰绿色、灰白色粗砂岩夹灰绿色砂质泥岩；底部为灰白色含砾粗砂岩，有时可见细砂岩，砂岩成分以长石、石英为主。与下伏地层（J_2y）假整合接触。直罗组在区内普遍沉积，最大厚度为 39.27 m（ZK7-1），平均厚度 21.47 m。凹陷区直罗组较厚，向隆起区逐渐变薄。

4）侏罗系中统安定组（J_2a）

岩性为紫红色、棕红色砂质泥岩、粉-细砂岩夹浅棕红色、紫灰色砂岩，底部为巨厚层状含砾粗砂岩-细砾岩。砂岩以长石石英杂砂岩为主，钙质与铁质胶结。结构疏松，层理不清，含钙质结核。本组以干旱气候平原洪积相沉积为主。与下伏地层（J_2z）假整合接触。安定组在区内普遍沉积，最大厚度 87.60 m（ZK12-1），最小厚度 18.35 m（TN-1），平均厚度 55.07 m。

3. 白垩系下统

1) 宜君组(K_1y)

岩性为紫红色、浅紫红色巨厚层状中-粗砾岩夹含砾粗砂岩透镜体。砾石成分主要为花岗岩块,次为石英岩块,分选差,次圆状,砂泥质充填,钙质、硅质胶结,坚硬。与下伏地层(J_2a)假整合接触。宜君组在区内普遍沉积,最大厚度为44.80 m(96号孔),最小厚度为6.44 m(TN-2孔),平均厚度29.60 m。其厚度分布呈现东部厚、西部薄的特点。

2) 洛河组(K_1l)

岩性为棕红色巨厚层状细-中-粗粒长石砂岩夹同色含砾粗砂岩及暗棕红色泥岩。下部为中-粗粒砂岩,上部为中-细粒砂岩。砂岩分选较好,次棱角状,钙质铁质胶结,疏松,具板状交错层理或斜层理,为河流相沉积特征。与下伏地层(K_1y)连续沉积。洛河组在区内普遍沉积,地表仅在泾河、黑河河谷及宇家山南沟有出露。经钻探揭露最大厚度为337.90 m(TN-1孔),最小厚度为220 m(164号孔),平均厚度290.6 m。

3) 华池组(K_1h)

下部为黄绿色、浅灰绿色粉细砂岩夹泥岩,中部为紫灰色、灰绿色泥岩、砂质泥岩夹同色粉细砂岩,上部为灰色泥质粉砂岩。水平层理发育,地表露头可见龟裂纹,裂隙面有石膏薄层充填,为干旱氧化环境下的湖相沉积。与下伏地层(K_1l)为连续沉积。

华池组在区内大部分沉积,仅在泾河、黑河河谷及巨家沟地表有出露,区内东部的96、10、ZK12-1及ZK10-1孔因受剥蚀而缺失。沉积厚度0~51.70 m(ZK6-1孔),平均厚度28.60 m。

4. 新近系(N)

位于黄土层以下,出露于河谷及沟谷两侧。岩性为棕红色黏土、砂质黏土,底部常见浅棕红色砂砾石层,区内下羊沟一带出露有砂砾石层。黏土中含钙质结核,砂砾石成分复杂,分选、磨圆度差,半成岩。与下伏各地层呈不整合接触,一般厚60~80 m。

5. 第四系(Q)

不整合覆盖于上第三系及中生界之上,据1∶10 000地质填图及钻孔揭露，简述如下。

1）下更新统（Q_1）

下更新统（Q_1）为浅灰黄色、浅棕黄色粉砂质黏土与褐红色古土壤互层，含分散状大钙质结核，底部为松散砂砾石层，一般厚 20 m。与新近系（N）不整合接触。

2）中更新统（Q_2）

中更新统（Q_2）呈浅棕黄色亚黏土质黄土，含钙质结核，夹 10 多层古土壤层，下部古土壤层密集，上部古土壤层稀疏，一般厚 60~80 m。

3）上更新统（Q_3）

上更新统（Q_3）分布于塬面，主要为浅黄色黄土，垂直节理发育，含蜗牛化石，一般厚 5~8 m。

4）全新统（Q_4）

全新统（Q_4）主要分布于沟谷、河床及河滩阶地，为近代冲积物和坡积物堆积而成。主要由砾、砂、亚黏土组成的次生黄土，疏松，底部砂砾石较多，一般厚 10 m 左右。

亭南井田地层特征统计见表 6-1。

表 6-1　亭南井田地层特征统计

<table>
<tr><th colspan="4">地层系统</th><th rowspan="2">代号</th><th rowspan="2">厚度</th><th rowspan="2">岩性描述</th><th rowspan="2">说明</th></tr>
<tr><th>界</th><th>系</th><th>统</th><th>组</th></tr>
<tr><td rowspan="3">新生界</td><td rowspan="2">第四系</td><td>全新统</td><td></td><td>Q_4</td><td>厚度 5~10 m</td><td>岩性为亚黏土、砂和砂砾石层</td><td>分布在沟谷、河床及两岸一级阶地</td></tr>
<tr><td>更新统</td><td></td><td>Q_{1-3}</td><td>厚度约 100 m</td><td>黄土</td><td>与下伏小章沟组不整合接触</td></tr>
<tr><td>新近系</td><td>上中新统</td><td>小章沟组</td><td>N_1</td><td>地层厚度变化较大，受古地形控制，一般为 60~80 m</td><td>上部岩性为浅棕红色黏土、砂质黏土，底部为砂砾层夹砂质黏土</td><td>分布于塬面黄土层以下，不整合于中生界多组地层以上</td></tr>
</table>

续表 6-1

地层系统				代号	厚度	岩性描述	说明
界	系	统	组				
中生界	白垩系	下统	华池组	K_1h	井田内平均厚度28.60 m	岩性为紫红色、紫灰色、灰褐色泥岩、砂质泥岩夹粉细砂岩	仅出露于井田北部边缘泾河及黑河西岸
			洛河组	K_1l	在井田内厚220~337.9 m，一般大于250 m	上部为浅灰紫色变质岩-花岗岩屑粗砾岩夹粗粒砂岩透镜体，中部为棕红色细-中粒长石石英砂岩、长石砂岩。下部为中粗粒长石砂岩、岩屑长石砂岩夹暗棕色薄层泥岩	在井田内河谷两侧均有出露，下与宜君组连续沉积
			宜君组	K_1y	厚度40 m左右	岩性为灰紫色巨厚层状变质岩-花岗岩屑粗砾岩	下与安定组假整合接触
	侏罗系	中统	安定组	J_2a	厚度50~60 m	岩性为紫红色、灰紫色、灰褐色泥岩、砂质泥岩夹浅紫色、兰灰色中粗粒砂岩、砂砾岩。底部为巨厚层状浅灰紫色含砾粗粒砂岩~砂砾岩	与直罗组整合接触
			直罗组	J_2z	厚度20 m左右	岩性为浅灰-浅灰绿色中-粗粒长石石英砂岩夹灰绿色泥岩、砂质泥岩	下与延安组地层为假整合接触
		中下统	延安组	J_2y	平均厚60余m	为含煤地层，岩性为灰色粉细砂岩、灰-黑灰色泥岩与灰白色中粗粒砂岩互层，中夹炭质泥岩及煤层，下部为一特厚煤层(4号煤层)	在井田无出露与下伏地层假整合接触
		下统	富县组	J_1f	厚度0~33 m	岩性为紫红色铝、铁质泥岩、砂岩及角砾岩	分布在古凹陷，与下伏地层假整合接触
	三叠系	上统	胡家村组	T_3h	钻孔中未见底	岩性为灰—深灰色泥岩、粉砂岩夹灰绿色中厚层状细—中粒长石砂岩，底部为一油页岩层	出露于矿区东部外围百子沟，最大厚度65 m

6.2.1.2　构造

黄陇侏罗纪煤田彬长矿区位于鄂尔多斯盆地西南边缘地带，其构造单元为华北地台鄂尔多斯台坳渭北隆起带。井田内含煤地层延安组直接或间接沉积基底为三叠系胡家村组，其起伏形态与三叠系大致相当，并受三叠系基底控制。

1. 褶曲

亭南井田位于彬长矿区中部。井田南部处于路家-小灵台背斜中段，井田以北为董家庄背斜。全井田大部处于董家庄背斜南翼，路家-小灵台背斜北翼，形成了两个宽缓的聚煤凹陷区：北部的哪坡-杏曹湾-公坡寺凹陷区和中塬-亭口北凹陷区，至亭口镇北，两凹陷区合而为一，该凹陷区属矿区南玉子向斜的西部。凹陷区以南、以西及西北均为隆起区，凹陷区自东向西地层逐渐抬高。井田东南角属安化向斜的西端，为凹陷区，沉积了巨厚煤层。

凹陷区及背斜轴部地层产状近水平，两翼倾角也较平缓，一般 3°~7°。构造总体走向 NEE，地层起伏幅度 70~100 m。

2. 断层

亭南井田内未发现区域性的大断层，仅在井下采掘过程中揭露若干断距在 5 m 以下的小断层。

总之，亭南井田含煤地层沿走向、倾向的产状变化不大，产状接近水平或倾角较小，断层稀少，构造相对简单。

6.2.2　井田水文地质条件

彬长矿区具有典型的黄土塬梁、沟壑地貌特征。区内海拔高度一般为 800~1 200 m，主要河流有泾河、黑河、达溪河（南河）、红崖河等，均属泾河水系。泾河穿越矿区中部，因而地势从南北塬向中间泾河谷地倾斜，塬梁破碎、沟壑纵横，水土流失严重。矿区属鄂尔多斯中生代承压水盆地范畴，由白垩系下统（K_1）、侏罗系（J）、三叠系上统（T_3）组成，以基岩层状裂隙承压水为主，第四系孔隙潜水次之。

井田内岩层按其含水性、含水类型及水力特征，可划分为含水层组和隔水层。含水层从上到下分别为第四系全新统冲、洪积层孔隙潜水含水层;第四系中更新统黄土孔隙-裂隙潜水含水层;上第三系砂卵砾含水层段;白垩系下统洛河组砂岩孔隙-裂隙含水层;白垩系下统宜君组砾岩孔隙-裂隙含水层;侏罗系中统直罗组砂岩裂隙含水层;侏罗系中统延安组煤层及其顶板砂岩含水层;隔水层从上到下分别为上第三系红土隔水层段、白垩系下统华池组泥岩相对隔水层段、侏罗系中统安定组泥岩隔水层。含(隔)水层空间位置示意图如图 6-1 所示。

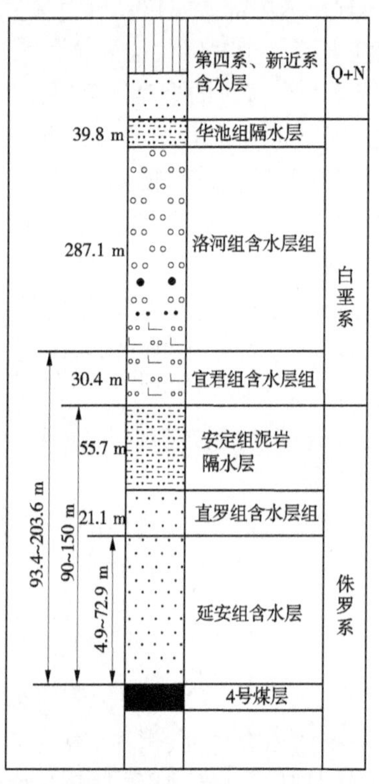

图 6-1 亭南煤矿含(隔)水层空间位置示意图

6. 2. 2. 1 含水层

1. 第四系全新统冲、洪积层孔隙潜水含水层

第四系全新统冲、洪积层孔隙潜水含水层主要分布于泾河、黑河河

谷中,厚6~13 m。上部以砂质黏土、粉砂为主,下部为中-粗粒砂及砾卵石层。地下水位埋深5~11 m,水位年变幅0.80~1.50 m,含水层厚1~6.66 m,属富水性较强的含水层。水质类型为HCO_3-Na·Ca·Mg、HCO_3·SO_4-Na、SO_4·Cl·HCO_3-Na·Mg·Ca型,矿化度为0.96~2.416 g/L,水温10~13 ℃。

2.第四系中更新统黄土孔隙-裂隙潜水含水层

第四系中更新统黄土孔隙-裂隙潜水含水层分布于巨家塬东北部残塬宽梁地段。主要由黄土、砂黄土、古土壤组成,属孔隙-裂隙潜水含水层。于塬边缘普遍出露,泉流量0.002~1.192 L/s,泉点标高930.8~1 070.7 m。民井水位埋深1.5~80 m,含水层厚0.7~20 m,水位标高979.8~1 124.1 m。属富水性弱的含水层。水质类型为HCO_3-Ca·Mg,HCO_3-Mg·Ca·Na,HCO_3-Ca·Mg·Na型,矿化度为0.300~0.655 g/L,水温11~15 ℃。

3.上第三系砂卵砾含水层段

上第三系砂卵砾含水层段断续分布于红土层底部,于沟谷中零星出露,一般厚2.30~9.61 m。岩性以浅棕色-浅灰褐色半固结状中粗碎屑堆积物为主,形成弱的含水层。当底部有隔水层时,在沟谷中以泉的形式排泄于地表,泉流量0.005~0.500 1 L/s,平均0.199 L/s,泉水出露标高895.809~1 038.254 m;民井水位埋深2.3 m,含水层厚度2.0 m,水位标高951.919 m。水质类型为HCO_3-Na·Ca、HCO_3-Mg·Na·Ca型,矿化度为0.30~0.489 g/L,水温12~18 ℃。

4.白垩系下统洛河组砂岩孔隙-裂隙含水层

洛河组全区遍布,该含水层主要由中-粗粒砂岩组成,在矿井范围内、外的沟谷都有出露。在泾河、黑河河谷和中塬沟等两侧呈条带状出露。厚度总的变化趋势为由东向西逐渐增厚,东部厚度为250 m左右,西部厚度增加到300 m左右。地层岩性为粗砾岩、细砾岩及砂岩互层,节理发育,pH值为7.9,渗透系数为0.074~0.908 m/d,矿化度为2.38 g/L,属于SO_4-Na型水。

5. 白垩系下统宜君组砾岩孔隙-裂隙含水层

宜君组在井田内没有出露，厚度总的变化趋势为由西向东逐渐增厚，西部厚度为6~18 m，到东部厚度逐渐增加到35~48 m。地层岩性为紫杂色块状砾岩，砾石成分以石英、燧石为主，砾径3~7 cm。砾石多为浑圆状，砂泥质充填，钙、铁质胶结。据邻区大佛寺钻孔抽水试验，单位涌水量0.008 8 L/(s·m)，渗透系数0.020 m/d，水质类型为SO_4-Na型，矿化度为5.39 g/L。

6. 侏罗系中统直罗组砂岩裂隙含水层

直罗组在井田范围内没有出露，除西南部和北西部及中东部部分地段含水层厚度小于16 m外，其余地段厚度都在20~40 m，分布比较均匀。岩性为浅灰绿色中-粗粒长石、石英砂岩，夹灰绿色泥岩、砂质泥岩；底部常为浅灰绿色粗砂岩、含砾粗砂岩；顶部泥质增多，夹紫灰色泥岩。砾石成分为石英燧石，浑圆状，砾径1~3 cm，分选差。砂岩以长石石英砂岩为主，含少量石膏。区外钻孔抽水试验结果：单位涌水量为0.002 6~0.000 05 L/(s·m)，渗透系数为0.016 4~0.000 53 m/d，属富水性微弱的含水层。水质类型SO_4-Na型，矿化度为20.45 g/L。

7. 侏罗系中统延安组煤层及其顶板砂岩含水层

直罗组在井田范围内没有出露，含水层厚度由西部和南部向东北及东部逐渐增厚，西部及南部为15~45 m，向东北增加到65~95 m。岩性为4号煤层及其老顶中粗粒砂岩，砂砾岩。单位涌水量0.000 019~0.012 L/(s·m)，渗透系数为0.000 041 58~0.04 m/d，属富水性极弱含水层。水质类型SO_4·Cl-Na·Ca·Mg、SO_4-Na、Cl·SO_4-Na、Cl-Na型，矿化度为1.99~16.16 g/L，水温为15~18 ℃。

6.2.2.2 隔水层

1. 上第三系红土隔水层段

上第三系红土隔水层段分布于黄土梁塬地段，于塬边缘沟谷中连续出露。厚度为51.60~83.90 m。上部为浅棕红色、棕红色黏土、亚黏土，致密，具团块状结构，并为Fe、Mn质所浸染，富含零散钙质结核；下部为棕红色黏土，钙质成分高，并含数层钙质结核层。总体而言，本层段岩性稳定，隔水性强，为井田松散岩类与基岩含水层之间的稳定隔水层。

2. 白垩系下统华池组泥岩相对隔水层段

华池组隔水层于泾河、黑河河谷两侧呈条带状出露，高于河床。厚度总的变化趋势为由东南向西北增厚，东南部缺失。北部黑河河谷两侧出露局部地段厚度为 10~20 m，西部地段厚度为 30~70 m。

地层岩性以紫红色、灰紫色、灰绿色泥岩为主，夹砂质泥岩及粉-细砂岩薄层。泥岩及砂质泥岩为隔水层，砂岩夹层在裂隙发育地段可形成局部含水层段，但富水性极其微弱，故视为相对隔水层。

3. 侏罗系中统安定组泥岩隔水层

安定组在井田内没有出露，由侏罗系中统安定组泥岩隔水层厚度等值线图可以看出，隔水层厚度具有东南厚、西北薄的趋势。东部黑河河谷地段厚 30~60 m，中塬沟沟谷地段厚 50 m 左右，西部厚度为 25~50 m。

岩性为紫红、灰褐色泥岩，砂质泥岩夹浅兰灰色砂岩，底部为 1~3 m 厚浅灰紫色砂砾岩。据井田外围钻孔抽水试验：单位涌水量 0.000 076 L/(s · m)，说明其含水甚微。水文地质补充探勘压水试验结果显示：单位吸水量为 0.000 027 L/(s · m)。全段压水试验证明隔水性良好，是煤系与白垩系之间的稳定且有效的隔水层。

6.2.2.3 地下水补给、径流和排泄条件

井田内各类地下水，由于其所在的地形地貌、含水层岩性等水文地质条件的差异，其补给、径流及排泄条件也有差别。

1. 松散岩类地下水补给、径流及排泄条件

1) 补给

黑河等河谷川道松散层潜水，主要由大气降水和下伏基岩地下水补给，在河床两侧漫滩地带，河水与地下水存在互补关系。枯水期河水位低，地下水补给河水，洪水期河水位升高，河水补给地下水。在宇家山等黄土塬、梁、峁地区，以大气降水的垂直渗入补给为主。塬区地形开阔平缓，黄土透水性能好，降水入渗补给量大；梁峁区地形破碎，坡降

大,降水多由地表流失,渗入补给量甚微。

2)径流

松散岩类地下水流向总体上与地形坡向一致,由西南向东北流动。对于河谷川道松散层潜水而言,由于河漫滩地势开阔平坦,水力坡度很小,地下水径流缓慢。在宇家山等黄土塬、梁、峁地区,受地貌条件及古地形控制,地下水局部流向变化大,塬边沟谷发育,含水层被切穿而形成各塬块相对独立的水文地质单元,地下水流向除遵循总的径流趋势外,由于地形破碎,地势高低悬殊,松散层地下水具有径流途径短、由塬中部向周边沟谷呈放射状流动的特征。

3)排泄

河谷川道松散层地下水在枯水期地下水位高于河水位,地下水直接向黑河等排泄。塬梁峁区地下水主要排泄途径以泉的形式排泄于沟谷。另外,由于潜水埋藏浅,通过蒸发作用也是其排泄方式之一。

2. 白垩系地下水补给、径流及排泄条件

1)补给

白垩系地层多被黄土覆盖,仅在黑河河谷两岸和中塬沟等冲沟内有出露,但是由于出露部分坡度大,很难直接接受大气降水的补给。白垩系砂砾岩地下水补给来源应以来自井田外的区域侧向径流补给为主。另外,据井田及相邻井田长观资料及民井资料,白垩系砂砾岩含水层地下水位年变幅不大,季节性变化不甚明显,说明深层地下水具有远源补给。

2)径流

从已知资料分析,位于井田西部的杨家坪水文孔资料所示白垩系洛河宜君承压含水层水位标高为 914 m、900 m,位于井田北部的孟村井田 M2-3、M6-6 水文孔资料所示白垩系洛河宜君承压含水层水位标高为 855 m、858 m,位于井田南部的大佛寺井田水 95、水 165 水文孔资料所示白垩系洛河宜君承压含水层水位标高为 875 m、888 m,位于井田东部的黑河河谷地带标高为 848 ~ 858 m,泾河河谷地带标高为 821.10~855.17 m。总体上,区内地下水位西南高、东北低,地下水总体流向是由西南流向东北,水力坡度不大。洛河宜君组含水层水的矿化度为 0.839~3.262 g/L,属于 $SO_4 \cdot HCO_3-Ca \cdot Na \cdot Mg$ 型水,pH 值为 8.08~8.3,总硬度为 15.25~20.97 德国度,与周围围岩 Ca^{2+}、SO_4^{2-} 离子交换多,水循环交替慢,白垩系砂砾岩地下水总体上径流滞缓。

3)排泄

区内白垩系洛河宜君含水层的排泄主要以下面几种方式进行:一部分受采掘影响较大的区域以矿井涌水的形式进入矿井;一部分在东北方向泾河河谷地带向着河流排泄;一部分由于中塬沟等沟谷切割含水层而在沟谷露头处排泄;还有一部分以侧向径流方式从井田西北和东北边界流出。

3. 侏罗系地下水补给、径流及排泄条件

1)补给

侏罗系含煤岩系裂隙水,赋存于走向 NE 而略有起伏的单斜构造之中,其补给来源及方式为区域地下水侧向径流补给。

2)径流

区内地下水位西高、东北低,地下水总体流向是由西流向东北,水力坡度不大。侏罗系含水层水的矿化度为 2.608~2.771 g/L,pH 值为 7.34~7.62,水质类型为 $SO_4-Ca \cdot Na$ 型。侏罗系水样中的 SO_4^{2-}、Ca^{2+} 离子含量较白垩系水样中相关离子含量高出 2 倍左右,侏罗系的矿化度、水质类型即离子特征说明该含水层的地下水循环交替慢,径流滞缓。

3)排泄

侏罗系含煤岩系裂隙水,是区域内受采掘影响最大的含水层,其在井田范围内埋深大,主要以矿井涌水量的形式排泄,小部分由西向东往井田外围运移。

6.2.2.4　矿井充水因素分析

1. 以往的矿井充水因素分析成果

根据收集资料,亭南煤矿以往开展的矿井涌水充水因素分析成果见表 6-2。

表 6-2　以往开展的矿井涌水充水因素分析成果

序号	成果名称	矿井充水层组	结论
1	陕西彬长矿区亭南井田水文地质补充勘探报告	直接充水含水层为侏罗系安定、直罗、延安组含水层；间接充水含水层为白垩系洛河、宜君砂岩孔隙-裂隙含水层	分别对导水裂缝带不涉及白垩系含水层（全井田矿井正常涌水量 287.66 m^3/h）以及导水裂缝带涉及白垩系含水层进行矿井涌水预测（全矿井涌水量为 5 112.53 m^3/h）
2	亭口水库对亭南煤矿水文地质环境的影响分析及防治水技术研究	水库蓄水前，侏罗系各含水层矿井开采的直接充水水源；在亭口水库蓄水后，亭口水库和反调节水库也成为间接充水水源之一	只要在满足“三下采煤规程”关于水体下开采相关规定基础上，对 4 号煤层实行限厚开采，控制导水裂缝带发育高度，使得导水裂缝带不涉及白垩系宜君组含水层
3	陕西彬长矿区亭南煤矿补充勘探地质报告	侏罗系延安组煤系裂隙含水层、直罗组砂岩裂隙含水层	分别对导水裂缝带不涉及白垩系含水层（全井田矿井正常涌水量 333.63 m^3/h）以及导水裂缝带涉及白垩系含水层进行矿井涌水预测（首采区白垩系突水量 1 270.65 m^3/h）
4	陕西长武亭南煤业有限责任公司亭南煤矿生产地质报告	白垩系下统洛河组含水层水、宜君组含水层水、侏罗系中统直罗组含水层水和延安组含水层水	导水裂缝带发育高度涉及白垩系洛河宜君组含水层、白垩系洛河组含水层

2. 本次矿井充水因素分析

1) 采空区积水

井田四周分布有大佛寺煤矿、小庄煤矿、孟村煤矿和杨家坪煤矿。其中孟村煤矿、杨家坪煤矿均尚未生产,目前对本矿井影响较小。

目前,小庄煤矿井下采区已开拓布置,首采工作面(40201 工作面)位于井田西部,靠近亭南井田一盘区。小庄煤矿与亭南煤矿两侧各留设 20 m 边界保护煤柱,目前小庄煤矿采掘活动对亭南煤矿影响较小。

大佛寺矿井位于咸阳市彬县和长武县境内,2004 年 5 月开工建设,2006 年 8 月矿井初步建成。大佛寺煤矿已采 403 采区 40301 工作面、401 采区 40104 工作面、40106 工作面、40108 工作面,以及 41104 工作面(4 号煤层),现采 40110 工作面,其中 40301 工作面距离亭南井田约 1.8 km。近期接续 401 采区 40112 工作面、40114 工作面、40116 工作面等,不开采与亭南井田连接的 404 采区。大佛寺煤矿井田边界预留 30 m 保护煤柱,对亭南煤矿正常生产影响较小。

2) 地表水对矿井开采的影响

地表水主要包括泾河、黑河、亭口水库和反调节水库。

泾河由北向南流经井田东部。据陕西省水文总站景村水文站观测资料:水位标高 824.38~813.02 m,平均 813.87 m;流量 4.02~341.00 m^3/s,平均 57.70 m^3/s,历史最大洪水流量 157 000 m^3/s(1911 年 8 月 3 日)。黑河由西北向东南流经井田东北边缘,井田内流程 2.4 km,平均流量 2.78 m^3/s,最大流量 1160.00 m^3/s。调查黑河最高洪水位标高 851.70 m。另有支流磨子沟、安化沟,流量均很小。

黑河、泾河处于侵蚀冲刷状态,水流较急,河床底部不存在稳定的隔水层,而且井田附近的几个抽水井资料也证明无隔水层。如果矿井开采引起洛河宜君组承压水水头的大幅下降,将可能导致地表水向洛河宜君含水层组补给而成为矿井充水的间接水源。

亭口水库枢纽工程与反调节蓄水工程也是井田范围内的地表水体。亭口水库枢纽工程位于黑河干流下游,坝址位于亭南井田范围内(东北部)。反调节蓄水工程是亭口水库配套工程,坝址位于黑河下游的中塬沟内。亭口水库作为彬长矿区最重要的水源工程,承担着向正在开发建设的彬(彬县)长(长武)矿区发电、煤化工等工业项目和彬县、长武两县县城供水的主要任务。亭口水库设计总库容 2.47 亿 m^3,年平均供水量 7 180 万 m^3,2011 年 12 月开工建设,截至目前,工程已蓄水。

黑河水位标高 849.21~853.52 m,亭口水库蓄水后正常蓄水位 893.0 m,校核洪水位 895.68 m,亭口水库蓄水后水位将高出黑河河谷底部 40~45 m。中塬沟沟谷最低标高 857 m,反调节水库正常蓄水位 920.3 m,校核洪水位 921.0 m,反调节水库蓄水后水位将高出中塬沟谷最低部约 64 m。黑河和中塬沟河谷两侧有白垩系洛河组地层出露。亭口水库及反调节水库建成蓄水后,黑河与中塬沟沟谷两侧出露的白垩系洛河组地层将处于水面之下,水库和白垩系含水层必然存在水力联系。亭口水库和反调节水库将成为矿井间接充水水源之一。

3)地下水对矿井开采的影响

地下水对未来矿井开采的影响程度取决于煤层开采后其上覆岩层所形成导水裂隙带的穿透程度,需要对井田内各钻孔导水裂隙带高度进行分析。

依据井田内穿见 4 号煤层的 64 个钻孔资料,按照实测裂采比对亭南煤矿开采后导水裂隙带发育高度进行预测,详细的分析计算成果见第 7 章相关内容。

根据裂隙发育高度预测结果,本次所采用的所有钻孔处开采裂隙全部进入洛河组,平均穿入深度为 175 m;即煤层开采后产生的导水裂隙带均穿透侏罗系安定、直罗、延安组等 3 个地层,采矿过程中,这 3 个地层中的裂隙水将得到疏排,但由于这 3 个地层含水微弱,且补给不足,因此亭南煤矿开采的主要充水含水层为白垩系洛河组含水层。

根据本次覆岩导水裂缝带发育高度的预测成果,64 个钻孔中,有 42 个钻孔处的裂隙进入洛河组,占比 66%;所有的裂隙高度都没有进入上部的华池组;裂隙带未进入洛河组的 22 个钻孔中,达到宜君组的有 16 个,占比 25%;所有钻孔裂隙高度均达到安定组。在限厚开采的情况下,64 个钻孔中仍有 10 个孔开采裂隙进入洛河组,穿入深度平均在 50 m 以下,其余钻孔则接近洛河组底界面。

由此可知,亭南煤矿采煤过程中的充水水源为侏罗系延安组、直罗组安定组、白垩系宜君组及白垩系洛河组含水层。

6.2.3　矿井涌水量预测

6.2.3.1　相关因素分析法

亭南煤矿目前矿井正常涌水量为 3 000 m^3/h。根据亭南煤矿地质测量科观测分析亭南矿井已回采工作面涌水量和矿井涌水量变化规律，大致可以得到以下认识：

(1)新盘区(三、四盘区)首个工作面回采时矿井涌水量增大 600 m^3/h、同一盘区每增加一个工作面时盘区涌水量增大 1.1 倍。

(2)一盘区采空区、二盘区采空区(204 工作面、205 工作面、206 工作面、207 工作面)每年正常涌水量按 90%的幅度衰减。

亭南煤矿未来五年矿井回采工作面主要集中在二盘区、三盘区、四盘区，其中 2021 年主要回采 208 工作面、307 工作面、308 工作面；2022 年主要回采 208 工作面、309 工作面、310 工作面；2023 年主要回采 402 工作面、311 工作面、310 工作面；2024 年主要回采 209 工作面、402 工作面、311 工作面、312 工作面；2025 年主要回采 209 工作面、403 工作面、312 工作面、314 工作面。

根据亭南煤矿未来五年开采计划，2020~2025 年矿井涌水量预测结果见表 6-3。由表 6-3 可知，偏安全考虑，未来五年亭南煤矿正常涌水量为 3 250 m^3/h(7.80 万 m^3/d)，最大涌水量为 3 549 m^3/h(8.52 万 m^3/d)。

表 6-3　亭南煤矿 2020~2025 年涌水量预测结果

年份	预测涌水量/(m^3/h)				
	一盘区	二盘区	三盘区	四盘区	合计
2020	550	950	800	700	3 000
2021	495	1 045	880	630	3 050
2022	445	1 045	1 056	567	3 113
2023	400	940	1 162	624	3 126
2024	360	1 035	1 278	624	3 297
2025	324	1 035	1 405	561	3 325

6.2.3.2　解析法

1. 预测原则

(1)预测范围：本次矿井涌水量的预测范围为全矿区。亭南井田东西方向长约 11.3 km，南北方向长约 3.1 km，面积 35.548 4 km^2。

(2)预测方法：根据《基坑工程手册(第二版)》(ISBN 978-7-112-11552-5，中国建筑工业出版社，2009)解释了的解析法中大井法和水平廊道法的适用范围：长宽比值小于 10 的视为辐射流，即可将巷道系统假设为一个理想大井，采用大井法进行预算；比值大于 10 的视为平行流，即将其概化为水平廊道，采用水平廊道法进行预算。亭南井田长宽比 3.6，矿井涌水量预测采用大井法。

(3)考虑到导水裂隙带已延伸至白垩系洛河组含水层上段，所以分别计算白垩系、侏罗系含水层的矿井涌水量。

(4)利用现有抽水钻孔资料，结合井田地形地貌及井田含水层水文地质条件及特征，不考虑大气降水及枯水期、丰水期，对开采区域涌水量进行预算。

(5)不考虑非正常开采及施工导致的意外性突水事故，仅以正常导水裂隙所能导通的含水层形成的地下水渗流场模式。

2. 预测公式选取

亭南煤矿矿井涌水预测公式见表 6-4。

表 6-4　亭南煤矿矿井涌水预测公式

<table>
<tr><th colspan="2">计算方法</th><th>矿井涌水量预算公式</th><th>引用半径计算公式</th><th>引用影响半径计算公式</th></tr>
<tr><td rowspan="3">大井法</td><td>承压转无压</td><td>$Q = 1.366K\frac{(2H - M)M - h^2}{\lg R_0 - \lg r_0}$</td><td rowspan="2">$r_0 = \eta \frac{c}{2}$</td><td rowspan="2">$R_0 = r_0 + R$;
$R_0 = 10S\sqrt{K}$</td></tr>
<tr><td>承压</td><td>$Q = \frac{2.73KMS}{\lg R_0 - \lg r_0}$</td></tr>
<tr><td>公式参数概念</td><td colspan="3">Q—矿井涌水量，m^3/d；M—含水层厚度，m；K—渗透系数，m/d；H—水头高度，m；S—水位降深；h—动水位至底板含水层水柱高度，m；R_0—引用影响半径，m；r_0—引用半径，m；R—影响半径，m；c—菱形边长，m；η—概化系数，取 1.15</td></tr>
</table>

3. 预测参数选取和预算结果

不同含水层的矿井涌水预测参数见表 6-5、表 6-6。

表 6-5　亭南煤矿白垩系涌水量计算参数

参数	参数值	说明
K	0.118 4	依据钻孔 W2、W3、164、S1、S2、ZK10-1、ZK8-2、6-5、G1、G2、2-1、3-1、3-2 的平均值
r_0	3 162 m	c 取 5 500 m，η 取 1.15
M	218.72	依据钻孔 ZK10-1、ZK8-2、6-5、9-1、W2、W3、S2、S1、164、G1、G2、G3
S	256.8 m	依据钻孔 W1、W5、G2、G3、D2、2-1、3-2、XFJ、6-5、TC3 的平均值
R	1 230 m	$R_0 = 10S\sqrt{K}$
R_0	4 392 m	$R_0 = r_0 + R$
Q	3 104 m^3/h	

表 6-6　亭南煤矿侏罗系涌水量计算参数

参数	参数值	说明
K	0.005 906	依据钻孔 ZK8-2、ZK10-1、W2、W3、检 2、165、T9、6-5
r_0	3 162 m	c 取 5 500 m，η 取 1.15
M	44.10 m	井田 70 个钻孔平均值
S	506.42 m	依据钻孔 ZK8-2、ZK10-1、W2、W3、T9、检 2、6-5、G1、G2、G3 的平均值
R	389	$R_0 = 10S\sqrt{K}$
R_0	3 551	$R_0 = r_0 + R$
Q	287.2 m^3/h	

根据表 6-4 所列公式，对表 6-5、表 6-6 的参数进行计算，亭南煤矿全矿区涌水量预测结果见表 6-7。

表 6-7　亭南煤矿全矿区涌水量预测结果

含水层组	正常矿井涌水量/(m^3/h)
侏罗系延安组、安定组、直罗组	3 104
白垩系洛河组、宜君组	287.2
合计	3 391.2

6.2.3.3　富水系数法

1. 计算公式

(1) 富水系数的计算公式为

$$K_p = \frac{Q_0}{P_0} \tag{6-1}$$

式中　K_p——富水系数，m^3/t；

Q_0——比拟煤矿的涌水量，m^3/d；

P_0——比拟煤矿的产量，t/d。

(2) 矿井涌水量的计算公式为：

$$Q = K_p P \tag{6-2}$$

式中　Q——本矿的涌水量，m^3/d；

P——本矿的产量，t/d。

2. 比拟对象

亭南煤矿已运行多年，矿井涌水量和产量均有记录，故采用亭南煤矿自身作为比拟对象。选取亭南煤矿 2016 年至 2020 年 9 月运行时段的矿井涌水量及产量数据，计算富水系数，见表 6-8。

亭南煤矿核定产能 500 万 t/a。取亭南煤矿 2019 年 1 月至 2020 年 9 月去掉特异值的富水系数平均值 K_p = 4.45 m^3/t（设定月产量在核定月产能 41 666 t 的 60%以下为特异值），排水时间按 365 d 计，则亭南煤矿开采后正常涌水量为 6.10 万 m^3/d，合 2 539 m^3/h。取亭南煤矿

表 6-8　亭南煤矿涌水量统计和富水系数计算

时间(月-日)	矿井涌水量/m^3	产量/t	K_p/(m^3/t)
2016-01	939 672	430 366	2. 18
2016-02	848 736	240 066	3. 54
2016-03	969 432	450 366	2. 15
2016-04	951 120	601 531	1. 58
2016-05	1 023 744	292 883	3. 50
2016-06	986 400	345 366	2. 86
2016-07	1 036 392	352 766	2. 94
2016-08	1 011 840	372 742	2. 71
2016-09	989 064	410 288	2. 41
2016-10	1 036 838	410 368	2. 53
2016-11	1 089 240	448 066	2. 43
2016-12	1 163 542	448 973	2. 59
2017-01	1 281 600	331 760	3. 86
2017-02	1 296 000	390 366	3. 32
2017-03	1 436 400	465 866	3. 08
2017-04	1 419 840	420 669	3. 38
2017-05	1 458 720	460 366	3. 17
2017-06	1 594 080	451 666	3. 53
2017-07	1 609 920	481 266	3. 35
2017-08	1 595 520	463 068	3. 45
2017-09	1 634 400	473 086	3. 45

续表 6-8

时间(月-日)	矿井涌水量/m^3	产量/t	K_p/(m^3/t)
2017-10	1 812 384	203 776	8.89
2017-11	1 751 040	300 168	5.83
2017-12	1 842 144	400 306	4.60
2018-01	1 825 776	455 396	4.01
2018-02	1 623 552	301 626	5.38
2018-03	1 785 600	449 046	3.98
2018-04	1 728 000	448 922	3.85
2018-05	1 783 368	430 270	4.14
2018-06	1 648 800	450 086	3.66
2018-07	1 593 648	420 666	3.79
2018-08	1 543 056	218 016	7.08
2018-09	1 585 440	450 666	3.52
2018-10	1 600 716	505 366	3.17
2018-11	1 600 002	500 576	3.20
2018-12	1 589 000	469 630	3.38
2019-01	1 519 992	450 082	3.38
2019-02	1 581 520	258 461	6.12
2019-03	1 547 520	449 996	3.44
2019-04	1 504 900	410 027	3.67
2019-05	1 554 960	380 415	4.09
2019-06	1 695 240	445 305	3.81

续表 6-8

时间(月-日)	矿井涌水量/m^3	产量/t	K_p/(m^3/t)
2019-07	1 915 776	450 396	4.25
2019-08	1 979 040	449 756	4.40
2019-09	1 941 540	450 176	4.31
2019-10	2 055 672	450 186	4.57
2019-11	2 050 400	455 186	4.50
2019-12	1 068 384	407 208	2.62
2020-01	2 127 840	300 686	7.08
2020-02	1 962 720	326 816	6.01
2020-03	2 127 840	523 196	4.07
2020-04	2 004 480	470 496	4.26
2020-05	2 068 320	455 576	4.54
2020-06	2 042 640	446 286	4.58
2020-07	2 129 328	461 073	4.62
2020-08	2 152 392	460 703	4.67
2020-09	2 059 920	461 065	4.47

2016 年 1 月至 2020 年 9 月富水系数非特异值的最大值 K_p = 7.08 m^3/t,排水时间按 365 d 计,则亭南煤矿开采后最大涌水量为 9.70 万 m^3/d,合 4 041 m^3/h。

6.2.3.4　矿井涌水量预测结果评述及推荐值

采用不同方法预测得出的亭南煤矿矿井涌水量见表 6-9。

表 6-9　采用不同方法预测得出的亭南煤矿矿井涌水量　单位：m^3/h

计算方法	矿井涌水可供水量(正常值/最大值)
大井法	3 391.2
富水系数法	2 539/4 041
相关因素分析法	3 050/3 325

1. 大井法预测结果评述

根据《地下水资源分类分级标准》(GB 15218—94)，大井法的计算结果精度相当于 D 级，误差大体在 70%以内。而本次大井法预测结果为进行白垩系含水层疏排时的稳定涌水量，目前矿井年正常涌水量为 3 200 m^3/h，已超过大井法预测的正常涌水量，因此本次不采用大井法的计算值。

2. 富水系数法预算结果评述

根据《煤矿床水文地质、工程地质及环境地质勘查评价标准》(MT/T 1091—2008)，水文地质比拟法是一种应用相当广泛的方法。采用亭南煤矿 2016~2019 年正常生产以来的富水系数法预测涌水量，可能产生一定误差，原因如下：

(1)富水系数法针对水文地质条件简单的矿井预测效果较好，根据补充水文地质勘察报告，亭南矿井水文地质条件类型属于复杂型，采用该方法会有一定误差。

(2)亭南井田与大佛寺、胡家河、小庄、文家坡、水帘洞、高家堡等井田同属彬长矿区，水文地质条件相似。胡家河矿产量为 5.0 Mt/a，富水系数为 3.5 m^3/t；文家坡矿产量为 4 Mt/a，富水系数为 1 m^3/t；官牌矿产量为 3 Mt/a，富水系数为 3.5 m^3/t；孟村矿产量为 4 Mt/a，富水系数为 0.8 m^3/t；亭南矿产量为 5.0 Mt/a，富水系数为 3.72 m^3/t；大佛寺矿产量为 6.0 Mt/a，富水系数为 0.53 m^3/t；下沟矿产量为 2.1 Mt/a，富水系数为 0.37 m^3/t；水帘洞矿产量为 7 万 t/a，富水系数为 0.43 m^3/t；高家堡矿产量为 5.0 Mt/a，富水系数为 7.68 m^3/t。亭南井田富水系数为 2.62~7.08 m^3/t,跨度较大,但也在彬长矿区各矿的富水系数之内,推荐采用富水系数法预测的最大矿井涌水量作为亭南煤矿的远期最大矿井涌水量预测值,即 4 041 m^3/h。

3. 相关因素分析法预测结果评述

亭南煤矿自 2006 年投产以来,生产过程中主要充水含水层为白垩系下统洛河组含水层、白垩系下统宜君组含水层、侏罗系中统直罗组含水层和延安组含水层。2006~2015 年矿井年平均涌水量 51.7~1 022.5 m^3/h,多年总平均涌水量 418.8 m^3/h,最大涌水量 1 158.0 m^3/h(2015 年 11 月);2016~2017 年矿井年平均涌水量 1 263~2 214 m^3/h,最大涌水量 2 436 m^3/h(2017 年 10 月);2018~2019 年矿井年平均涌水量 2 090~2 847 m^3/h,最大涌水量 2 847 m^3/h(2019 年 10 月);2020 年 1~9 月矿井年平均涌水量 2 726~2 955 m^3/h,最大涌水量 2 955 m^3/h(2020 年 1 月、3 月),2020 年亭南煤矿的平均小时涌水量已接近 3 000 m^3/h。

相关因素统计分析法是在亭南煤矿开展水害防治研究的基础上,利用已往工作面和矿井涌水量的变化规律来预测涌水量,由于开采区域相近,正常情况下水文地质条件和开采条件不会发生大的改变,预测结果具有连续性,随着开采工作面增加,资料越来越丰富,因此采用相关因素统计法的预测结果是较可靠的,从偏安全角度考虑,采用相关分析法预测的涌水量 3 050 m^3/h 作为 5 年内亭南煤矿的正常矿井涌水量是较合理的。

综上分析后,采用相关因素分析法计算的 3 050 m^3/h 作为正常矿井涌水量推荐值,将富水系数法预算结果 4 041 m^3/h 作为远期矿井涌水量的最大值。

6.2.4　水质评价

6.2.4.1　监测情况

为了解亭南煤矿矿井水处理站处理效果,研究委托有资质的第三方监测机构于 2020 年 9 月 8 日、9 日按《水环境监测规范》(SL 219—2013)要求对亭南煤矿井下水仓及矿井水处理站出水进行取样。

亭南煤矿矿井水处理站出水监测因子按照《煤炭工业污染物排放标准》(GB 20426—2006)和《黄河流域(陕西段)污水综合排放标准》(DB 61/224—2011)和《地表水环境质量标准》(GB 3838—2002)综合选取(见表6-10),监测频率为连续2 d,8 h一次每天3次。

亭南煤矿井下水仓监测因子按照《煤炭工业污染物排放标准》(GB 20426—2006)和《黄河流域(陕西段)污水综合排放标准》(DB 61/224—2011)和《地表水环境质量标准》(GB 3838—2002)综合选取,并增加了《地下水质量标准》(GB/T 14848—2017)表1中所列39项常规指标。监测频率为一天一次。

6.2.4.2 评价结果及分析

1. 2020年矿井水处理站出水监测情况

2020年9月8日、9日连续2 d的亭南矿井水处理站出水监测结果见表6-10。

表6-10 2020年9月8日、9日亭南矿井水处理站出水监测结果统计

检测项目	单位	9月8日			9月9日		
		第1次	第2次	第3次	第1次	第2次	第3次
pH值	无量纲	8.31	8.25	8.34	8.34	8.31	8.26
溶解氧	mg/L	6.9	6.4	6.2	7.2	6.9	6.8
高锰酸盐指数	mg/L	3.2	3.5	3.0	3.5	2.9	3.2
化学需氧量	mg/L	15	18	14	16	15	18
五日生化需氧量	mg/L	2.9	3.1	2.8	3.1	2.7	2.9
氨氮	mg/L	0.252	0.259	0.250	0.253	0.255	0.247
总磷	mg/L	0.02	0.03	0.02	0.03	0.03	0.02
总氮	mg/L	4.43	4.40	4.38	4.46	4.37	4.42

续表 6-10

检测项目	单位	9月8日			9月9日		
		第1次	第2次	第3次	第1次	第2次	第3次
铜	mg/L	ND	ND	ND	ND	ND	ND
锌	mg/L	ND	ND	ND	ND	ND	ND
氟化物	mg/L	0.37	0.34	0.38	0.35	0.33	0.38
硒	mg/L	ND	ND	ND	ND	ND	ND
砷	mg/L	ND	ND	ND	ND	ND	ND
汞	mg/L	ND	ND	ND	ND	ND	ND
镉	mg/L	ND	ND	ND	ND	ND	ND
六价铬	mg/L	ND	ND	ND	ND	ND	ND
铅	mg/L	ND	ND	ND	ND	ND	ND
氰化物	mg/L	ND	ND	ND	ND	ND	ND
挥发酚	mg/L	ND	ND	ND	ND	ND	ND
石油类	mg/L	0.04	0.03	0.03	0.03	0.03	0.04
阴离子表面活性剂	mg/L	ND	ND	ND	ND	ND	ND
硫化物	mg/L	ND	ND	ND	ND	ND	ND
粪大肠菌群	MPN/L	1 500	1 700	1 800	1 700	1 300	1 400
硫酸盐（以 SO_4^{2-} 计）	mg/L	152	161	148	150	142	155
氯化物（以 Cl^- 计）	mg/L	737	725	744	719	732	737
硝酸盐	mg/L	3.36	3.32	3.38	3.34	3.38	3.27
铁	mg/L	ND	ND	ND	ND	ND	ND

续表 6-10

检测项目	单位	9月8日			9月9日		
		第1次	第2次	第3次	第1次	第2次	第3次
锰	mg/L	ND	ND	ND	ND	ND	ND
全盐量	mg/L	1 322	1 340	1 297	1 328	1 300	1 337
悬浮物	mg/L	35	37	34	34	37	35
总铬	mg/L	ND	ND	ND	ND	ND	ND
烷基汞	mg/L	ND	ND	ND	ND	ND	ND
动植物油	mg/L	ND	ND	ND	ND	ND	ND

注:ND 为低于检出限,下同。

(1)按《地表水环境质量标准》Ⅲ类标准评价亭南矿井水处理站出水结果见表 6-11。

表 6-11 2020 年 9 月 8 日、9 日亭南矿井水处理站出水水质评价

检测项目	9月8日			9月9日		
	第1次	第2次	第3次	第1次	第2次	第3次
pH 值	符合	符合	符合	符合	符合	符合
溶解氧	符合	符合	符合	符合	符合	符合
高锰酸盐指数	符合	符合	符合	符合	符合	符合
化学需氧量	符合	符合	符合	符合	符合	符合
五日生化需氧量	符合	符合	符合	符合	符合	符合
氨氮	符合	符合	符合	符合	符合	符合
总磷	符合	符合	符合	符合	符合	符合
总氮	不参评	不参评	不参评	不参评	不参评	不参评
铜	符合	符合	符合	符合	符合	符合
锌	符合	符合	符合	符合	符合	符合

续表 6-11

检测项目	9月8日			9月9日		
	第1次	第2次	第3次	第1次	第2次	第3次
氟化物	符合	符合	符合	符合	符合	符合
硒	符合	符合	符合	符合	符合	符合
砷	符合	符合	符合	符合	符合	符合
汞	符合	符合	符合	符合	符合	符合
镉	符合	符合	符合	符合	符合	符合
六价铬	符合	符合	符合	符合	符合	符合
铅	符合	符合	符合	符合	符合	符合
氰化物	符合	符合	符合	符合	符合	符合
挥发酚	符合	符合	符合	符合	符合	符合
石油类	符合	符合	符合	符合	符合	符合
阴离子表面活性剂	符合	符合	符合	符合	符合	符合
硫化物	符合	符合	符合	符合	符合	符合
粪大肠菌群	符合	符合	符合	符合	符合	符合

(2)按《煤炭工业污染物排放标准》(GB 20426—2006)评价亭南矿井水处理站出水结果见表 6-12。

表 6-12　2020 年 9 月 8 日、9 日亭南矿井水处理站出水水质评价

检测项目	9月8日			9月9日		
	第1次	第2次	第3次	第1次	第2次	第3次
pH 值	符合	符合	符合	符合	符合	符合
化学需氧量	符合	符合	符合	符合	符合	符合
锌	符合	符合	符合	符合	符合	符合

续表 6-12

检测项目	9月8日			9月9日		
	第1次	第2次	第3次	第1次	第2次	第3次
氟化物	符合	符合	符合	符合	符合	符合
砷	符合	符合	符合	符合	符合	符合
汞	符合	符合	符合	符合	符合	符合
镉	符合	符合	符合	符合	符合	符合
六价铬	符合	符合	符合	符合	符合	符合
铅	符合	符合	符合	符合	符合	符合
石油类	符合	符合	符合	符合	符合	符合
铁	符合	符合	符合	符合	符合	符合
锰	符合	符合	符合	符合	符合	符合
悬浮物	符合	符合	符合	符合	符合	符合
总铬	符合	符合	符合	符合	符合	符合

(3)按《黄河流域(陕西段)污水综合排放标准》(DB 61/224—2011)第二类污染物最高允许排放浓度一级标准评价亭南矿井水处理站出水结果见表 6-13。

表 6-13 2020 年 9 月 8 日、9 日亭南矿井水处理站出水水质评价

检测项目	9月8日			9月9日		
	第1次	第2次	第3次	第1次	第2次	第3次
化学需氧量	符合	符合	符合	符合	符合	符合
五日生化需氧量	符合	符合	符合	符合	符合	符合
氨氮	符合	符合	符合	符合	符合	符合
总氮	符合	符合	符合	符合	符合	符合

续表6-13

检测项目	9月8日			9月9日		
	第1次	第2次	第3次	第1次	第2次	第3次
氟化物	符合	符合	符合	符合	符合	符合
氰化物	符合	符合	符合	符合	符合	符合
挥发酚	符合	符合	符合	符合	符合	符合
石油类	符合	符合	符合	符合	符合	符合
硫化物	符合	符合	符合	符合	符合	符合

由表6-10~表6-13可知，亭南煤矿矿井水处理站出水符合《煤炭工业污染物排放标准》(GB 20426—2006)、《黄河流域(陕西段)污水综合排放标准》(DB 61/224—2011)和《地表水环境质量标准》(GB 3838—2002)Ⅲ类标准。

2.2018年矿井水处理站出水监测情况

根据《陕西长武亭南煤业有限责任公司亭南煤矿5.0 Mt/a项目入河排污口设置论证报告》(黄河水资源保护科学研究院，2018年7月)，2018年4月28日、29日黄河水资源保护科学研究院按照《水环境监测规范》(SL 219—2013)对排污口监测的要求，在亭南煤矿井入河排污口处取水样送检，检测因子按照《煤炭工业污染物排放标准》(GB 20426—2006)和《黄河流域(陕西段)污水综合排放标准》(DB 61/224—2011)和《地表水环境质量标准》(GB 3838—2002)综合选取。由于亭南煤矿矿井水经处理后在矿内经全封闭式渠道输送至厂区西门东围墙处，在围墙外有亭南村方向污水、雨水汇入，混合后经渠道向东穿过312公路后经入河排污口排入黑河，2018年6月7日、8日，黄河水资源保护科学研究院在亭南煤矿西门东围墙内对矿井水处理站出水进行补充检测，检测因子主要包括高锰酸盐指数、化学需氧量、氨氮、石油类、氟化物、汞、铅，取样频率为每6~8 h取样监测1次，每天监测3

次,连续监测 2 d。

采用《地表水环境质量标准》(GB 3838—2002)对亭南煤矿矿井水处理站以及入河排污口的水质单因子评价结果表明,亭南煤矿矿井水处理站出水水质为劣Ⅴ类,超标因子主要为高锰酸盐指数、COD、氟化物。

3. 结果分析

亭南煤矿矿井水处理站出水水质 2020 年 9 月监测结果优于 2018 年监测结果。因此,分别对 2020 年 9 月以及 2018 年亭南煤矿井下水仓原水以及采空区排水水质进行了对比分析(见表 6-14)。

表 6-14　亭南煤矿井下水仓水质监测结果及评价

序号	项目	单位	2018 年 5 月 26 日井下水仓		2020 年 9 月 8 日井下水仓		2020 年 9 月 8 日采空区排水	
			监测结果	按地表水评价	监测结果	按地表水评价	监测结果	按地表水评价
1	水温	℃	—	—	—	—	—	—
2	pH 值	—	8.06	—	8.31	—	8.14	—
3	溶解氧	mg/L	3.9	Ⅲ	3.6	Ⅲ	1.9	Ⅴ
4	高锰酸盐指数	mg/L	127	劣Ⅴ	3.8	Ⅱ	1.2	Ⅰ
5	化学需氧量(COD_{Cr})	mg/L	398	劣Ⅴ	16	Ⅲ	6	Ⅰ
6	五日生化需氧量(BOD_5)	mg/L	158	劣Ⅴ	3.2	Ⅲ	1.6	Ⅰ
7	氨氮(以 N 计)	mg/L	1.08	Ⅳ	1.28	Ⅳ	1.10	Ⅳ
8	总磷(以 P 计)	mg/L	0.16	Ⅲ	0.04	Ⅱ	0.03	Ⅱ

续表 6-14

序号	项目	单位	2018年5月26日井下水仓		2020年9月8日井下水仓		2020年9月8日采空区排水	
			监测结果	按地表水评价	监测结果	按地表水评价	监测结果	按地表水评价
9	总氮(湖、库,以N计)	mg/L	1.14	—	3.32	—	3.66	—
10	铜	mg/L	<0.006	Ⅰ	0.04	Ⅰ	ND	Ⅰ
11	锌	mg/L	0.005	Ⅰ	0.07	Ⅰ	ND	Ⅰ
12	氟化物(以F^-计)	mg/L	1.27	Ⅳ	0.32	Ⅰ	0.33	Ⅰ
13	硒	mg/L	0.003 2	Ⅰ	ND	Ⅰ	ND	Ⅰ
14	砷	mg/L	<0.000 4	Ⅰ	0.000 74	Ⅰ	ND	Ⅰ
15	汞	mg/L	<0.000 04	Ⅰ	0.001 2	Ⅳ	ND	Ⅰ
16	镉	mg/L	<0.005	Ⅱ	ND	Ⅰ	ND	Ⅰ
17	六价铬	mg/L	<0.004	Ⅰ	ND	Ⅰ	ND	Ⅰ
18	铅	mg/L	<0.07	Ⅴ	0.17	劣Ⅴ	ND	Ⅰ
19	氰化物	mg/L	0.005	Ⅰ	ND	Ⅰ	ND	Ⅰ
20	挥发酚	mg/L	0.002 8	Ⅲ	ND	Ⅰ	ND	Ⅰ
21	石油类	mg/L	0.1	Ⅳ	0.72	Ⅴ	ND	Ⅰ
22	阴离子表面活性剂	mg/L	0.073	Ⅰ	ND	Ⅰ	0.02	Ⅰ
23	硫化物	mg/L	<0.005	Ⅰ	0.64	Ⅴ	ND	Ⅰ
24	粪大肠菌群	MPN/L	540	Ⅱ	630	Ⅱ	1 100	Ⅱ
25	全盐量	mg/L	—	—	1 696	—	1 523	—

由表 6-14 可以看出,2020 年亭南煤矿矿井水本底值较 2018 年有一定变化,结合目前亭南煤矿矿井水量持续增大的情况,推测应与导水裂隙带发育高度有直接关系。

亭南煤矿与高家堡煤矿同属彬长矿区,水文地质条件相似。高家堡煤矿已建立地下水水情动态监测系统,该水情动态监测系统可为工作面回采期间地下水水位变化规律分析、工作面涌水量预测、工作面突水后突水水源判别等提供依据,高家堡煤矿地下水水情动态监测系统对钻孔出水、工作面出水进行了大量取样化验工作,见表 6-15。表 6-15 中,GL7-1、Y2 孔数据为侏罗系水样,表明工作面附近侏罗系的矿化度为 16 387.1~16 876.3 mg/L;GL3-1 孔数据为洛河组下段水样,表明工作面附近洛河组下段的矿化度为 6 601.55 mg/L;TS6-1、TS6-2、GL5-2 孔数据为洛河组全段水样,矿化度为 1 781.98~2 447.55 mg/L。

表 6-15　各含水层矿化度统计

含水层	侏罗系	洛河组下段	洛河组全段	洛河组上段	侏罗系与洛河组下段混合水
依据	GL7-1、Y2	GL3-1	TS6-1、TS6-2、GL5-2	矿井资料	TS1、TS2、TS3、TS4、TS5
矿化度/(mg/L)	16 387.1~16 876.3	6 601.55	1 781.98~2 447.55	1 033~1 254	9 126.83~13 839.14
标准值/(mg/L)	16 387	6 601	1 782	1 033	9 126

由表 6-15 中可以分析得出,当工作面涌水量中矿化度小于 16 387 mg/L 时,就有洛河组的水参与。当工作面涌水量中矿化度小于 9 126 mg/L 时,就有洛河组上段水参与。利用钻孔水质数据对各工作面老空区水进行混合比分析,得出一定的规律:随着工作面的不断推进,涌水量越来越大,其出水水源也一步步向工作面顶板上部发展,从一开始的

侏罗系的水，演变成洛河组下段水，直至洛河组上段水。各个工作面在开采后期，其出水构成中均以洛河组上段水为主。

目前，亭南煤矿排污水盐分在 1 300 mg/L 左右，与高家堡煤矿排水的含盐量相近。由此可知，目前亭南煤矿工作面出水构成以洛河组上段水为主。取样监测结果对比分析表明，目前亭南煤矿矿井水处理站处理效果不甚理想，随着工作面的交替和推移，不排除水质变差的情况，因此亭南煤矿对矿井水处理站进行提标改造是十分必要的。

6.3　地下水水源论证

6.3.1　区域地质概况

6.3.1.1　地层

依据钻孔揭露资料，水源井地层由老至新依次有洛河组（K_1l）、第四系（Q）。

1. 白垩系下统洛河组（K_1l）

白垩系下统洛河组（K_1l）岩性为紫红色、棕红色细–粗粒长石砂岩，中夹数层中厚层状杂色砾岩层及薄层棕色砂质泥岩。砂岩成分以石英、长石为主，含少量暗色矿物及云母。孔隙式胶结，致密坚硬，为河流相沉积。厚度 182.90 m。

2. 第四系（Q）

第四系（Q）包括第四系中更新统离石黄土和上更新统马兰黄土。马兰黄土以粉土为主，疏松、具大空隙，垂直节理发育，透水性好。离石黄土为亚黏土与古土壤互层，上部结构疏松，具空隙，含不规则钙质结核；下部致密，空隙少而小，夹多层钙质结核。另包括第四系下更新统午城黄土。底部有卵石层，分选一般，磨圆中等，次圆状，成分以灰岩、石英岩砾为主。厚度 17.10 m。

6.3.1.2　构造

彬长矿区位于鄂尔多斯盆地南部渭北北缘的彬县–黄陵坳褶带。

总体构造形态为中生界构成的 NW 向缓倾的大型单斜构造。在此单斜上产生一些宽缓而不连续的褶皱。

6.3.2 区域水文地质条件

6.3.2.1 含(隔)水层的划分及水文地质特征

依据水源地内钻孔揭露地层的含水介质及水力特性的不同,将区内地下水划分为三个含(隔)水层:第四系及新近系孔隙裂隙潜水含水层、白垩系下统华池组相对隔水层、白垩系下统洛河组孔隙裂隙含水层。现分述如下。

1. 第四系及新近系孔隙裂隙潜水含水层

第四系及新近系孔隙裂隙潜水含水层包括第四系中更新统离石黄土和上更新统马兰黄土。马兰黄土以粉土为主,疏松、具大孔隙,垂直节理发育,透水性好。离石黄土为亚黏土与古土壤互层,上部结构疏松,具孔隙,含不规则钙质结核;下部致密,孔隙少而小,夹多层钙质结核,接近底部有较厚的卵石层,松散,粒径较大,成分以石英岩、变质岩、灰岩为主。

据以往地质资料,地下水位标高 857.611~861.297 m,含水层厚 63.11~96.40 m,单位涌水量 0.041 2~0.083 0 L/(s·m),水质类型一般为 HCO_3-Ca·Na 型,矿化度小于 0.5 g/L,水温 14~15 ℃。

2. 白垩系下统华池组相对隔水层

白垩系下统华池组相对隔水层主要由紫红色、灰绿色砂质泥岩、泥岩及少量粉砂岩等隔水性岩层组成。河谷地带钻孔钻穿此层后,常出现钻孔涌水现象,表明其确具隔水性能,为下伏洛河组砂岩承压含水层隔水顶板。

3. 白垩系下统洛河组孔隙裂隙含水层

洛河组管井抽水试验成果见图 6-2、表 6-16,含水层富水性中等,据以往抽水试验成果,水质类型为 SO_4-Na·Ca、Cl·SO_4-Na 型,矿化度 3.640~5.197 g/L,水温 16~18 ℃。

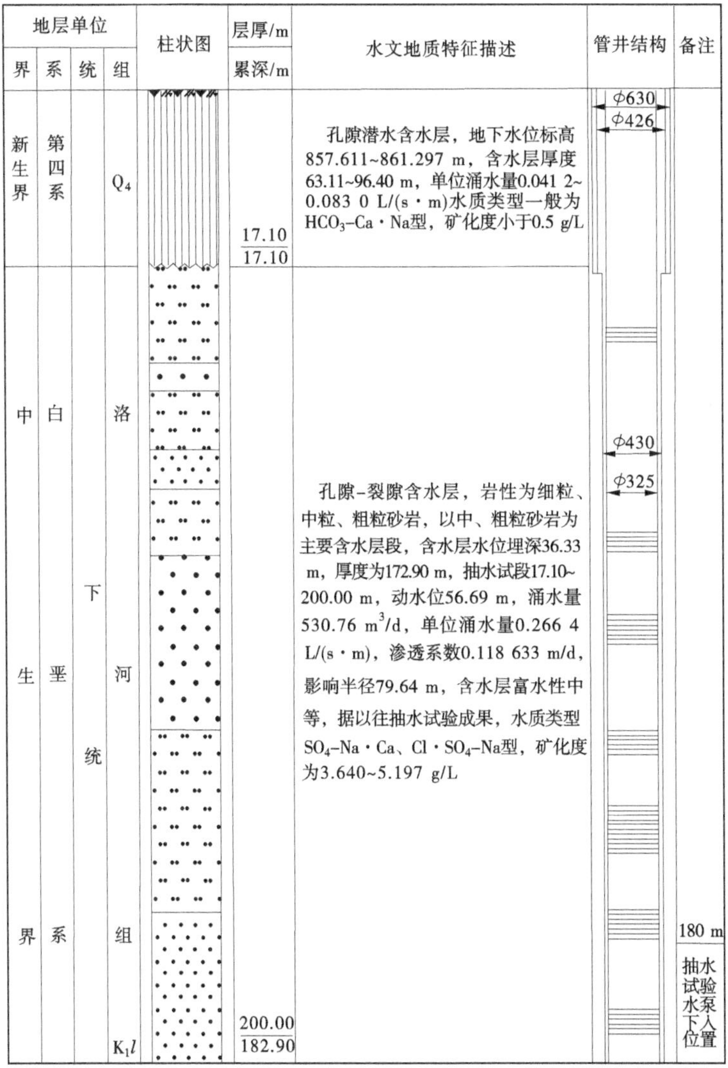

地层单位				柱状图	层厚/m	水文地质特征描述	管井结构	备注
界	系	统	组		累深/m			
新生界	第四系		Q_4		17.10 17.10	孔隙潜水含水层，地下水位标高857.611~861.297 m，含水层厚度63.11~96.40 m，单位涌水量0.041 2~0.083 0 L/(s·m)水质类型一般为HCO_3-Ca·Na型，矿化度小于0.5 g/L	ϕ630 ϕ426	
中生界	白垩系	下统	洛河组 K_1l		200.00 182.90	孔隙-裂隙含水层，岩性为细粒、中粒、粗粒砂岩，以中、粗粒砂岩为主要含水层段，含水层水位埋深36.33 m，厚度为172.90 m，抽水试段17.10~200.00 m，动水位56.69 m，涌水量530.76 m^3/d，单位涌水量0.266 4 L/(s·m)，渗透系数0.118 633 m/d，影响半径79.64 m，含水层富水性中等，据以往抽水试验成果，水质类型SO_4-Na·Ca、Cl·SO_4-Na型，矿化度为3.640~5.197 g/L	ϕ430 ϕ325	180 m 抽水试验水泵下入位置

图 6-2　洛河组管井抽水试验成果图

表 6-16 洛河组管井抽水试验成果统计

孔号	抽水层段	含水层厚度 M/m	静止水位埋深/m	水位降深 S/m	涌水量 Q/(L/s)	单位涌水量 q/[(L/(s·m)]	渗透系数 K/(m/d)	影响半径 R/m	说明
7# 水源井	K_1l	182.40	33.63	29.25	6.143	0.266 4	0.118 633	272.12	抽水

6.3.2.2 地下水的补给、径流、排泄条件

水源地内地下水的补给、径流和排泄条件,不仅受气候、水文、地形地貌条件的控制,而且与其沉积厚度、岩性有着密切关系。

1. 第四系松散层地下水

河谷川道松散层潜水,主要由大气降水和下伏基岩地下水补给,近河地段与河流地表水有互补关系,即洪水期河水补给地下水,枯水期地下水补给河水。黄土塬、梁、峁地区,以大气降水的垂直渗入补给为主。塬区地形开阔平缓,黄土透水性能好,降水入渗补给量大;梁峁区地形破碎,坡降大,降水多由地表流失,渗入补给量甚微。

地下水流向基本与地形坡向一致,即由分水岭地段流向沟谷,最终汇入泾河。由于赋存条件差异,地下水局部流向变化较大。塬边部沟谷发育,含水层被切穿而形成各塬块相对独立的水文地质单元,地下水流向除遵循总的径流趋势外,还具有由塬中部向周边沟谷呈放射状流动的特点。总体而言,由于地形破碎,地势高低悬殊,松散层地下水具有径流途径短、水循环交替较强烈、矿化作用弱的特点。

除河漫滩及阶地地区地下水以补给地表水的方式排泄外,塬梁峁区地下水均以泉的形式排泄于沟谷为主要排泄途径。

2. 白垩系砂砾岩地下水

白垩系孔隙-裂隙潜水、承压水含水层中的地下水,系区域性白垩系承压水盆地中地下水组成部分,由于其地处鄂尔多斯盆地西南缘内侧,呈现为一开启型含水构造。地下水径流方向受地质构造及地形地貌条件控制。在侵蚀基准面以上,地下水一般由地势较高的分水岭地

带向沟谷方向运移,以泉的形式排泄,地下水径流途径短,易溶盐分少,水质类型简单,矿化度相对较低。深层地下水由南而北缓慢运移,向区外黑河、泾河排泄。地下水径流途径长,易溶盐分多,水质类型复杂,矿化度相对增高。

6.3.3　水源井水文地质概念模型

亭南煤矿 7#水源井的取水层为白垩系洛河组,伏于环河华池组相对隔水层之下,厚 182.40 m。由于井田内洛河组地层广泛分布,并延展至井田外无限远,其抽水孔远离补给及隔水边界,所以洛河组含水层可视为无界承压含水层,为富水性中等的含水岩组。

但从开采洛河组地下水的角度考虑,为了满足开采所需水动力场条件,需要动用洛河组的容积储存量,而不仅是采用弹性储存量。因此,在计算时,有必要把水源地一带洛河组作为潜水含水层处理。

6.3.4　地下水可开采量

6.3.4.1　计算所用参数的确定

1. 渗透系数的确定

依据成井报告,渗透系数选取 0.118 6 m/d。

2. 井管半径

7#水源井的井径为 0.3 m,则半径为 0.15 m。

3. 含水层厚度

根据水文测井成果资料,含水层平均厚度取 182.4 m。

4. 用水量的确定

按照单井实际抽水涌水量 828 m^3/d 计算。

6.3.4.2　计算结果

把上述水文地质参数及开采方案代入公式计算:

$$S = \frac{0.366Q(\lg R - \lg r)}{HK} \tag{6-3}$$

$$R = 2S\sqrt{HK} \tag{6-4}$$

式中　K——渗透系数,取分段渗透系数平均值 0.118 6,m/d;

R——影响半径,m;

Q——涌水量,按实测单井涌水量 828 m^3/d;

r——井管半径,取 0.15 m;

H——含水层厚度,依据勘探厚度取 182.4,m。

将各参数代入式(6-3)、式(6-4)进行迭代计算,求得降深为 48.75 m,影响半径为 453.56 m。即单井最大降深为 48.75 m,最大影响半径为 453.56 m,最大降深即为水源最大中心降深。

6.3.5 地下水天然补给量和允许开采量

按照达西公式进行计算,计算公式为

$$Q_{侧入} = BKHI\sin\alpha \tag{6-5}$$

式中 B——断面长度,取单井影响半径周长的一半为 907.11,m;

K——含水层平均渗透系数,取 0.118 6,m/d;

H——含水层平均厚度,根据测井资料确定为 182.4,m;

I——地下水水力坡度,根据最大降深和影响半径计算为 10.75%;

α——地下水流向与断面间的夹角,(°)。

经计算,单井地下水天然补给量为 2 109 m^3/d,生活用水最大需水量为 828 m^3/d,远小于单井天然补给量。

6.3.6 开采后的地下水水位预测

经前分析,如按照 7# 井开采量 828 m^3/d 进行分析,求得降深为 48.75 m。单井最大降深即为水源最大中心降深。

6.3.7 地下水水质分析

6.3.7.1 地下水水质评价

2018 年 4 月 28 日,本研究对亭南煤矿办公楼生活用水取样送检,根据郑州谱尼分析技术有限公司出具的水质检测报告(编号 JMBUM71A97167506),按照《生活饮用水卫生标准》(GB 5749—2006)对各检测因子的检测结果进行评价可知,亭南煤矿生活饮用水所检项目全部合格,检测及评价结果见表 6-17。

2020 年 9 月 8 日对亭南煤矿办公楼生活用水再次取样送检,根据陕西博润服务有限公司检测报告按照《生活饮用水卫生标准》(GB 5749—2006)对各检测因子的检测结果进行评价可知,亭南煤矿生活饮用水所检项目全部合格,检测及评价结果见表 6-18。

表 6-17　2018 年 4 月亭南煤矿生活用水水质检测及评价结果

序号	检测因子	单位	检测结果	限值	评价结果
1	pH 值	无量纲	8.61	6.5~8.5	合格
2	色度	度	5	15	合格
3	浑浊度	NTU	0.5ND	1	合格
4	臭和味	无量纲	无	无异臭、异味	合格
5	肉眼可见物	无量纲	无	无	合格
6	溶解性总固体	mg/L	135	1 000	合格
7	总硬度	mg/L	9.8	450	合格
8	挥发酚	mg/L	0.002ND	0.002	合格
9	氯化物	mg/L	14.9	250	合格
10	硫酸盐	mg/L	51.5	250	合格
11	氟化物	mg/L	0.04	1	合格
12	氰化物	mg/L	0.004ND	0.05	合格
13	硝酸盐氮	mg/L	0.11	10	合格
14	铝	mg/L	0.04ND	0.2	合格
15	铁	mg/L	0.013 6	0.3	合格
16	锰	mg/L	0.000 5ND	0.1	合格
17	铜	mg/L	0.009ND	1.0	合格
18	锌	mg/L	0.003	1.0	合格
19	镉	mg/L	0.000 5ND	0.005	合格
20	铅	mg/L	0.002 5ND	0.01	合格

续表 6-17

序号	检测因子	单位	检测结果	限值	评价结果
21	六价铬	mg/L	0.004ND	0.05	合格
22	砷	mg/L	0.001ND	10	合格
23	硒	μg/L	0.000 7	10	合格
24	汞	μg/L	0.000 1ND	1	合格
25	耗氧量	mg/L	0.44	3	合格
26	氯气及游离氯	mg/L	0.04	4	合格
27	四氯化碳	mg/L	0.000 28	2	合格
28	菌落总数	(CFU/mL)	未检出	100	合格
29	总大肠菌群	(MPN/100 mL)	未检出	不得检出	合格
30	耐热大肠菌群	(MPN/100 mL)	未检出	不得检出	合格
31	大肠埃希氏菌	(MPN/100 mL)	未检出	不得检出	合格
32	总α放射性	Bq/L	0.016ND	0.5	合格
33	总β放射性	Bq/L	0.028ND	1	合格
34	阴离子洗涤合成剂	mg/L	0.050ND	0.3	合格

表 6-18 2020 年 9 月亭南煤矿生活用水水质检测及评价结果

检测项目		标准限值	单位	检测结果	评价结果
微生物指标	总大肠菌群	不得检出	MPN/100 mL	未检出	合格
	菌落总数	100	CFU/mL	未检出	合格
	大肠埃希氏菌	不得检出	MPN/100 mL	未检出	合格
	耐热大肠菌群	不得检出	MPN/100 mL	未检出	合格
	贾第鞭毛虫	<1	个/10 L	未检出	合格
	隐孢子虫	<1	个/10 L	未检出	合格

续表 6-18

检测项目		标准限值	单位	检测结果	评价结果
毒理指标	甲醛	0.9	mg/L	ND	合格
	三卤甲烷	实测浓度与限值比值之和≤1	mg/L	ND	合格
	二氯甲烷	0.02	mg/L	ND	合格
	1,2-二氯乙烷	0.03	mg/L	ND	合格
	1,1,1-三氯乙烷	2	mg/L	ND	合格
	三溴甲烷	0.1	mg/L	ND	合格
	一氯二溴甲烷	0.1	mg/L	ND	合格
	二氯一溴甲烷	0.06	mg/L	ND	合格
	环氧氯丙烷	0.000 4	mg/L	ND	合格
	氯乙烯	0.005	mg/L	ND	合格
	1,1-二氯乙烯	0.03	mg/L	ND	合格
	1,2-二氯乙烯	0.05	mg/L	ND	合格
	三氯乙烯	0.07	mg/L	ND	合格
	四氯乙烯	0.04	mg/L	ND	合格
	六氯丁二烯	0.000 6	mg/L	ND	合格
	二氯乙酸	0.05	mg/L	ND	合格
	三氯乙酸	0.1	mg/L	ND	合格
	三氯乙醛	0.01	mg/L	ND	合格
	苯	0.01	mg/L	ND	合格
	甲苯	0.7	mg/L	ND	合格
	二甲苯	0.5	mg/L	ND	合格
	乙苯	0.3	mg/L	ND	合格
	苯乙烯	0.02	mg/L	ND	合格

续表 6-18

检测项目		标准限值	单位	检测结果	评价结果
毒理指标	2,4,6-三氯酚	0.2	mg/L	ND	合格
	氯苯	0.3	mg/L	ND	合格
	1,2-二氯苯	1	mg/L	ND	合格
	1,4-二氯苯	0.3	mg/L	ND	合格
	三氯苯	0.02	mg/L	ND	合格
	邻苯二甲酸二(2-乙基己基)酯	0.008	mg/L	ND	合格
	丙烯酰胺	0.000 5	mg/L	ND	合格
	微囊藻毒素-LR	0.001	mg/L	ND	合格
	灭草松	0.3	mg/L	ND	合格
	百菌清	0.01	mg/L	ND	合格
	溴氰菊酯	0.02	mg/L	ND	合格
	乐果	0.08	mg/L	ND	合格
	2,4-滴	0.03	mg/L	ND	合格
	七氯	0.000 4	mg/L	ND	合格
	六氯苯	0.001	mg/L	ND	合格
	林丹	0.002	mg/L	ND	合格
	马拉硫磷	0.25	mg/L	ND	合格
	对硫磷	0.003	mg/L	ND	合格
	甲基对硫磷	0.02	mg/L	ND	合格
	五氯酚	0.009	mg/L	ND	合格
	莠去津	0.002	mg/L	ND	合格
	呋喃丹	0.007	mg/L	ND	合格
	毒死蜱	0.03	mg/L	ND	合格
	敌敌畏	0.001	mg/L	ND	合格
	草甘膦	0.7	mg/L	ND	合格
	三氯甲烷	0.06	mg/L	ND	合格
	四氯化碳	0.002	mg/L	ND	合格
	苯并(a)芘	0.000 01	mg/L	ND	合格
	滴滴涕	0.001	mg/L	ND	合格

续表 6-18

检测项目		标准限值	单位	检测结果	评价结果
毒理指标	六六六	0.005	mg/L	ND	合格
	氟化物	1.0	mg/L	ND	合格
	氰化物	0.05	mg/L	ND	合格
	砷	0.01	mg/L	ND	合格
	汞	0.001	mg/L	ND	合格
	硒	0.01	mg/L	ND	合格
	镉	0.005	mg/L	ND	合格
	六价铬	0.05	mg/L	ND	合格
	铅	0.01	mg/L	ND	合格
	银	0.05	mg/L	ND	合格
	硝酸盐	10	mg/L	ND	合格
	溴酸盐	0.01	mg/L	ND	合格
	亚氯酸盐	0.7	mg/L	ND	合格
	氯酸盐	0.7	mg/L	ND	合格
	锑	0.005	mg/L	ND	合格
	钡	0.7	mg/L	ND	合格
	铍	0.002	mg/L	ND	合格
	硼	0.5	mg/L	ND	合格
	钼	0.07	mg/L	ND	合格
	镍	0.02	mg/L	ND	合格
	铊	0.000 1	mg/L	ND	合格
	氯化氰	0.07	mg/L	ND	合格

续表 6-18

检测项目		标准限值	单位	检测结果	评价结果
感官性状和一般化学指标	色度	15	度	ND	合格
	臭和味	无异味、无异臭	—	无异味、无异臭	合格
	肉眼可见物	无	—	无明显可见物	合格
	pH 值	6.5~8.5	无量纲	7.85	合格
	铝	0.2	mg/L	ND	合格
	钠	200	mg/L	ND	合格
	铁	0.3	mg/L	ND	合格
	锰	0.1	mg/L	ND	合格
	铜	1.0	mg/L	ND	合格
	锌	1.0	mg/L	ND	合格
	硫酸盐(以 SO_4^{2-} 计)	250	mg/L	ND	合格
	氯化物(以 Cl^- 计)	250	mg/L	ND	合格
	溶解性总固体	1 000	mg/L	35	合格
	总硬度	450	mg/L	22	合格
	耗氧量	3	mg/L	1.44	合格
	氨氮	0.5	mg/L	ND	合格
	硫化物	0.02	mg/L	ND	合格
	浑浊度	1	NTU	ND	合格
	挥发酚类	0.002	mg/L	ND	合格
	阴离子合成洗涤剂	0.3	mg/L	ND	合格
放射性指标	总 α 放射性	0.5	Bq/L	0.112	合格
	总 β 放射性	1	Bq/L	0.017	合格

通过表 6-18 可以看出，亭南煤矿生活用水符合《生活饮用水卫生标准》(GB 5749—2006)表 1、表 2、表 3、表 4 中标准限值要求。

6.3.7.2　水处理方案及水质保证分析

亭南煤矿在办公楼后建设有生活净水站 1 座，采用预处理和反渗透深度处理工艺，处理规模为 2×50 t/h，处理工艺流程见图 6-3。

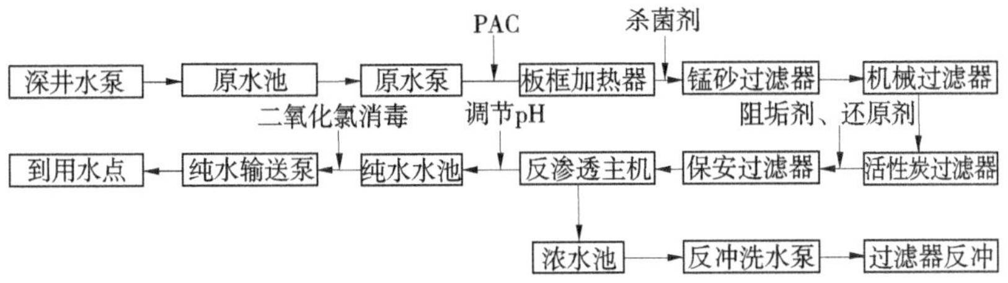

图 6-3　亭南煤矿生活用水处理工艺流程

亭南煤矿生活用水净化所采用的反渗透技术是先进和节能有效的膜分离技术，其原理是在高于溶液渗透压的作用下，依据其他物质不能透过半透膜而将这些物质和水分离开来，由于反渗透膜的膜孔径非常小，因此能够有效地去除水中的溶解盐类、重金属、胶体、微生物、有机物等(去除率高达 97%~98%)，该系统具有水质好、耗能低、无污染、工艺简单、操作简便等优点，生活用水水质能够保证。

6.3.8　取水可靠性分析

亭南煤矿地下水取水量为 828 m^3/d，开采 7# 井即可满足用水需求，按照此用水量计算的最大水位降深仅为 48.75 m，占含水层厚度 182.4 m 的 26.7%。经前分析，7# 井单井地下水天然补给量为 2 109 m^3/d，地下水最大需水量为 828 m^3/d，远小于单井天然补给量，可见按照 828 m^3/d 取水后造成地下水的水位降幅和影响半径均很小，取水保证程度很高；亭南煤矿采用预处理和反渗透深度处理工艺对地下水进行净化处理后，出水水质完全满足《生活饮用水卫生标准》(GB 5749—2006)要求。

综上所述，亭南煤矿利用现有 7#井开采地下水，从水量水质上均是可靠的。

第 7 章　取水影响论证研究

7.1　矿井涌水取水影响论证

7.1.1　对区域水资源配置影响分析

根据《陕西省彬长矿区总体规划(修改)》(中煤西安设计工程有限责任公司,2009 年 3 月),为了节约水资源、减少排污,矿区内各建设项目所产生的矿井涌水实行分散处理方式,即矿区各项目分别设矿井涌水处理站对各自产生的矿井涌水进行处理并回用。

亭南煤矿通过建设矿井涌水处理站和矿井涌水深度处理系统,将自身的水质较差的矿井涌水再生利用于生产和生活,在此基础上多余矿井涌水经处理后满足《地表水环境质量标准》(GB 3838—2002)Ⅲ类水质标准后入河,一方面节约了新水资源,提高了水资源的利用效率,同时避免了矿井涌水中污染物对区域水环境的影响,对区域水资源的优化配置有积极的作用。

7.1.2　对地下水影响分析

煤层开采会导致上覆岩层形成“三带”:冒落带、裂隙带和弯曲下沉带。煤矿开采对地下水的影响程度,取决于煤层开采后其上覆岩层所形成导水裂隙带的穿透程度,需要对井田内各钻孔导水裂隙带高度进行分析。导水裂隙带高度与煤层厚度、煤层倾斜角度、采煤方法和岩石力学性质等有关。

7.1.2.1　采煤导水裂隙带发育高度预测

1. 可采煤层特征

根据《陕西省长武县亭南井田勘探(精查)地质报告》、《亭南煤矿生产地质报告》,该矿井可采煤层为4号煤层。4号煤为亭南井田唯一可采煤层,位于延安组,煤层底板至延安组底部平均间距6.97 m,煤层顶板至延安组第二段底部平均间距2.73 m;4号煤层最小埋深401.32 m(T6号孔),最大埋深788.60 m(112号孔),一般为500~700 m。底板标高最低351.16 m(ZK10-1号孔),最高525.45 m(T14号孔),高差174.29 m。

井田内共有各类钻孔86个,其中67个钻孔穿过4号煤层,有64个钻孔穿见4号煤层,均为可采煤层,可采面积28.93 km^2,占井田面积的81.38%,为全区可采煤层。煤层厚度1.00(T14孔)~22.34 m(96号孔),平均10.75 m。厚度变化规律明显,一般是隆起区厚度小、凹陷区厚度大,煤层厚度变异系数49.55%,4号煤层属厚-特厚煤层,以特厚煤层为主。

4号煤层为单一煤层,一般在上部含1~2层夹矸。夹矸厚度小,一般0.10~0.20 m,最大0.75 m。含矸率平均1.88%。夹矸岩性为泥岩及炭质泥岩。在中部及东部的厚煤区含矸较多,属结构简单至复杂煤层。

4号煤层顶板岩性为深灰色泥岩、炭质泥岩及砂质泥岩,局部地段煤层顶板与延安组第二段底部砂岩直接接触;底板岩性为灰色-灰褐色铝质泥岩,多有炭质泥岩为底。

2.研究目标层的确定

根据《陕西省长武县亭南井田勘探(精查)地质报告》、《亭南煤矿生产地质报告》和《矿井水文地质类型划分报告》,井田内对矿井建设及生产有影响的含水层自上而下主要有第四系冲、洪积层孔隙潜水含水层,第四系黄土孔隙-裂隙潜水含水层,新近系砂卵砾含水层段,白垩系洛河组砂岩孔隙-裂隙含水层、白垩系宜君组砾岩孔隙-裂隙含水层,侏罗系直罗组砂岩裂隙含水层,侏罗系延安组裂隙含水层。其中,白垩系洛河组砂岩孔隙-裂隙含水层、白垩系宜君组砾岩孔隙-裂隙含水层、侏罗系直罗组砂岩裂隙含水层、侏罗系延安组裂隙含水层为直接充水含水层。

勘探资料显示,本井田潜水含水层富水性中等,其主要水源为大气降水,且距煤层较远,其底部又有新近系隔水层,该隔水层以黏土为主,厚 51.0~83.90 m,隔水性能好,煤层开采对其影响较小。华池组为相对隔水层。洛河组为巨厚含水层,东南部厚 100 m 左右,西南部厚 200~300 m,全井田分布,富水性中等。宜君组为胶结致密的砾岩岩组,为相对隔水层。安定组顶部为稳定隔水层,下部为微弱含水层。直罗组和安定组一样,为微弱含水层。延安组含水微弱。富县组为相对隔水层。

根据《水文地质类型划分报告》,煤层顶板以上直至洛河组,中间仅有安定组为隔水岩组,但安定组总体较薄,且距 4 号煤层较近。一旦开采裂隙穿透安定组,则直接连通上部的宜君组和洛河组。由于宜君组富水性弱,而洛河组富水性中等,且与地面水体有联系,因此将洛河组含水层,作为本次的主要研究对象。

3. 导水裂隙带分析基本条件

(1)亭南矿煤层倾角一般为 3°~7°,属缓倾斜煤层,结构较简单。

(2)亭南矿井田主要可采煤层为 4 号煤层。4 号煤层直接顶砂泥岩,属稳定性较差的岩体,易冒落;直接底砂质泥岩、铝质泥岩及粉砂岩,为不坚固岩体,属软弱岩层,遇水膨胀,产生底鼓。煤层顶底板凹凸不平,顶板裂隙发育,岩性比较松软破碎。煤层顶底板条件属复杂型。

(3)亭南矿井田 4 号煤层采用限厚综合机械化采煤法开采。具体限厚方法为:以各盘区开采后的实测裂采比为基础,以开采裂隙进入洛河组底部以上不超过 50 m 为限,反推确定煤层开采厚度。

4. 分析钻孔选取

亭南井田经过普查、详查、勘探(精查、补勘)三个阶段,井田内共施工钻孔 86 个,其中穿过 4 号煤层的 67 个,穿见 4 号煤层的 64 个。根据矿井采掘工程平面图,这 64 个钻孔中,位于永久煤柱(工业广场煤柱、水库大坝煤柱、高速公路绕道煤柱等)区的有 8 个,分别为 42、T2、T3、T6、T9、检 1、检 2、W1,位于可回收煤柱(大巷煤柱)区的有 2 个,分别为 ZK3-3 和 ZK4-3,其余 54 个钻孔位于各个盘区的可采区域内。《煤矿安全规程》规定,各类防水和边界等永久煤柱内严禁采掘活动,因此永久煤柱区的钻孔开采裂隙高度应为 0。本次以可采区与可回收煤柱区的 54 个钻孔裂隙带高度计算值和 8 个永久煤柱区钻孔限定值(0)为基础,计算分析矿井裂隙带高度分布情况。

亭南煤矿地质钻孔的基础数据见表 7-1。

表 7-1　亭南煤矿地质钻孔的基础数据　　单位:m

序号	孔号	孔口坐标(西安 80 坐标系)			终孔深度	煤层底板标高	煤层厚度	钻孔所处位置
		X	*Y*	*H*				
1	10	3 888 201.448	36 490 773	862.208	510.23	430.49	8.84	二盘区
2	42	3 885 952.765	36 493 966	852.11	88.9	392.82	12.55	不可回收煤柱区
3	44	3 884 685.945	36 491 123	990.67	602.5	417.47	12.6	三盘区
4	95	3 884 488.568	36 494 078	971.46	502.31	493.26	4.9	一盘区
5	96	3 887 022.469	36 493 997	849.78	544.44	350.97	23.24	一盘区
6	112	3 886 105.945	36 487 713	1 182.54	811.5	393.94	9.05	四盘区
7	127	3 886 428.431	36 491 051	1 094.71	730.3	387.1	15.51	二盘区
8	132	3 883 851.815	36 492 553	1 018.90	540.04	508.67	1.61	一盘区
9	164	3 884 507.314	36 495 234	854.09	432.8	445.09	15.8	一盘区
10	174	3 884 779.995	36 492 568	1 015.60	561.52	475.68	4.75	三盘区
11	175	3 886 379.715	36 492 547	1 000.80	701.16	359.25	21.05	二盘区
12	176	3 887 756.352	36 492 528	1 000.61	654.67	371.71	19	二盘区
13	T1	3 883 995.425	36 491 710	1 056.86	580.03	490.26	3.4	三盘区
14	T2	3 885 329.815	36 494 727	852.01	443.01	449.29	11	不可回收煤柱区
15	T3	3 884 875.945	36 494 712	969.72	545.09	461.98	11.11	不可回收煤柱区
16	T4	3 884 354.836	36 494 761	858.96	435	439.3	2.34	一盘区
17	T5	3 883 889.750	36 494 846	990.40	580.62	426.96	19	一盘区

续表 7-1

序号	孔号	孔口坐标(80)			终孔深度	煤层底板标高	煤层厚度	钻孔所处位置
		X	*Y*	*H*				
18	T6	3 885 514. 225	36 493 957	850. 48	422	449. 16	12. 32	不可回收煤柱区
19	T7	3 885 027. 415	36 493 941	951. 13	495. 21	481. 56	5. 34	一盘区
20	T8	3 884 049. 345	36 493 973	993. 92	513. 3	499. 15	4. 89	一盘区
21	T9	3 885 388. 095	36 493 265	856. 64	448. 58	453. 19	10. 32	不可回收煤柱区
22	T10	3 884 908. 265	36 493 172	972. 52	550	462. 62	6. 47	一盘区
23	T11	3 884 395. 155	36 493 184	982. 20	500. 06	508. 78	2. 9	一盘区
24	T12	3 883 825. 325	36 493 234	1 003. 37	510. 7	512. 15	2. 76	一盘区
25	T13	3 885 243. 895	36 492 459	887. 07	490. 01	421. 17	13. 95	三盘区
26	T14	3 884 337. 485	36 492 454	1 019. 63	509. 94	525. 45	1	三盘区
27	检 1	3 885 277. 500	36 494 270	852. 27	469. 23	452. 23	11. 63	不可回收煤柱区
28	检 2	3 885 316. 330	36 494 774	852. 41	442. 57	450. 11	11. 83	不可回收煤柱区
29	W1	3 885 344. 175	36 495 085	851. 082	383. 03	478. 952	7. 68	不可回收煤柱区
30	W2	3 884 301. 450	36 494 657	826. 597	444. 26	397. 497	6. 1	一盘区
31	W3	3 884 158. 699	36 494 579	862. 089	422. 05	453. 479	15. 12	一盘区
32	ZK1-1	3 886 696. 818	36 487 683	1 090. 659	655	455. 699	2. 1	四盘区
33	ZK3-1	3 886 774. 714	36 488 716	1 044. 356	683. 58	381. 046	12. 47	四盘区

续表 7-1

序号	孔号	孔口坐标(80)			终孔深度	煤层底板标高	煤层厚度	钻孔所处位置
		X	*Y*	*H*				
34	ZK3-2	3 886 196.76	36 488 718	1 118.581	739.1	400.281	9.6	四盘区
35	ZK3-3	3 885 764.069	36 488 675	1 172.935	755.22	437.715	4.98	可回收煤柱区
36	ZK4-1	3 886 693.977	36 489 213	1 153.143	794	374.203	14.5	四盘区
37	ZK4-2	3 886 231.077	36 489 282	1 149.3	756.96	408.2	8.89	四盘区
38	ZK4-3	3 885 755.805	36 489 218	1 121.238	684.78	453.088	4.32	可回收煤柱区
39	ZK4-4	3 887 286.345	36 489 191	1 115.537	743.68	386.997	9.59	四盘区
40	ZK4-5	3 885 231.245	36 489 218	1 146.176	711.69	449.926	4.4	三盘区
41	ZK5-1	3 886 681.287	36 489 713	1 134.301	775.37	378.961	13.77	四盘区
42	ZK5-2	3 886 254.031	36 489 727	1 126.682	732.23	414.502	8.8	四盘区
43	ZK5-3	3 887 188.236	36 489 755	1 076.657	727.68	370.717	14.73	四盘区
44	ZK6-1	3 887 313.570	36 490 235	992.958	646	362.068	15.95	二盘区
45	ZK6-2	3 886 708.115	36 490 172	1 112.783	748.67	383.053	14.41	二盘区
46	ZK6-3	3 886 237.940	36 490 190	1 078.5	683.53	413.06	9.71	二盘区
47	ZK6-4	3 887 697.845	36 490 216	1 028.471	655.98	387.781	13.28	二盘区
48	ZK7-1	3 887 205.433	36 490 716	977.296	642.1	355.166	18.99	二盘区
49	ZK7-2	3 886 700.569	36 490 712	1 099.388	745.11	377.598	15.18	二盘区
50	ZK7-3	3 886 151.079	36 490 713	1 080.686	690.16	410.426	10.2	二盘区
51	ZK8-1	3 887 199.092	36 491 212	981.327	643.88	352.787	19.79	二盘区
52	ZK8-2	3 885 757.333	36 491 236	905.347	542.27	378.077	17.35	二盘区
53	ZK10-1	3 886 898.212	36 492 340	856.611	520.89	351.161	20.61	二盘区
54	ZK12-1	3 886 760.229	36 493 206	853.019	510	358.319	22.9	一盘区
55	TN-2	3 884 681.899	36 488 711	1 192.335	754.57	454.325	4.69	三盘区

续表 7-1

序号	孔号	孔口坐标(80)			终孔深度	煤层底板标高	煤层厚度	钻孔所处位置
		X	*Y*	*H*				
56	5-4	3 884 554. 220	36 489 720	1 134. 559	732. 550	417. 089	8. 390	三盘区
57	5-5	3 884 224. 236	36 489 838	1 044. 665	615. 56	444. 105	5. 9	三盘区
58	6-5	3 885 824. 430	36 490 079	962. 975	571. 77	441. 965	5. 88	二盘区
59	6-6	3 884 793. 920	36 490 236	1 095. 582	706. 28	406. 182	11. 69	三盘区
60	7-4	3 884 140. 109	36 490 707	1 053. 782	582. 06	491. 952	2. 96	三盘区
61	9-1	3 887 606. 072	36 491 721	863. 363	529	354. 813	21. 21	二盘区
62	9-2	3 886 216. 271	36 491 718	1 071. 981	724. 52	367. 581	19. 29	二盘区
63	9-3	3 885 137. 082	36 491 742	909. 976	507. 76	425. 756	9. 86	三盘区
64	3-2	3 884 392. 411	36 488 747	1 194. 694	756. 08	449. 194	4. 45	三盘区

5. 导水裂隙带计算方法及适用性评述

目前,国内煤矿顶板导水裂缝带最大高度的计算主要依据是《建筑物、水体、铁路及主要井巷煤柱留设与压煤开采规范》(简称“三下”规范)。但“三下”规范中的公式适用于单层采厚 1~3 m、累计采厚不超过 15 m 的情况。在公式总结时,尚未大面积推广出现综放采煤开采方法,故所列计算公式存在一定局限性,不适用综放采煤覆岩顶板导水裂缝带高度的预计,对于综放采煤计算结果仅供参考。

关于综放采煤条件下覆岩破坏规律的研究,在国外未见报道。国内在兖州、淮南、铁法、铜川、潞安、彬长等矿区开展了一些工作,研究结果显示覆岩破坏规律发育具有如下特点:

(1)综放采煤条件下导水裂缝带发育高度,要比普采条件下、分层综放采煤条件下大得多。如潞安矿区在同样采厚的条件下,综放采煤条件下导水裂缝带最大高度比分层综放采煤增大 1. 37 倍,比普采增大 2. 31 倍。在综放采煤条件下导水裂缝带最大高度与采厚的关系不是线性关系,而是呈分式函数关系,但其关系曲线的上升速度却明显高于分层开采情况,即随着采厚的增加,综放条件导水裂缝带最大高度增加较快。

(2)综放采煤放顶煤条件下裂采比与分层开采初次采动的裂采比基本相同,即导水裂缝带最大高度与采厚成正比,但在风化软弱岩层条件下,导水裂缝带的发育受到一定的抑制。

(3)综放采煤放顶煤条件下,垮落带、导水裂缝带的发育形态仍呈马鞍形。

基于上述分析,研究认为:对于综放采煤条件下导水裂缝带的预计,目前采用相似地质条件比拟法计算比较合理。

6. 本矿井导水裂缝带高度研究工作及评述

1)研究工作情况

(1)2004 年 6 月,煤炭科学研究总院西安研究院提交的《陕西彬长矿区亭南井田水文地质补充勘探报告》中,采用水文地质条件相似的下沟煤矿的计算方法与公式,确定亭南井田的导水裂缝带高度计算公式为:$H_{裂}=(9\sim11.3)M$。M 依照实际煤层厚度取值,即采用一次采全高的采煤方法进行采煤,裂采比 9~11.3,导水裂缝带发育高度 12.43~240.69 m。

(2)2008 年 8 月,西安科技大学施工 3 个井下钻孔,采用仰孔注水测漏试验观测方法对 106 工作面冒裂带高度进行现场实测,3 个观测孔观测的裂采比 12.85~13.30,导水裂缝带高度 96.5~108 m,提交了《陕西长武亭南煤矿一盘区 106 工作面冒裂带高度观测研究报告》。

(3)2010 年,天地科技股份有限公司实测得出:107 工作面导水裂缝带高度为 165.8 m,裂采比 16.6。

(4)2011 年 1 月,煤炭科学研究总院西安研究院提交了《亭口水库对亭南煤矿水文地质环境的影响分析及防治水技术研究》。报告从工作面顶板活动及“三带”分布规律分析入手,分别对导水裂缝带发育规律、106 工作面导水裂缝带发育高度实际探测、导水裂缝带发育高度数值模拟几方面进行了研究,最后综合分析,确定亭南煤矿在留底煤综放开采条件下裂采比 14.5,留底煤一次采全高条件下裂采比 16.2。

(5)2011年3月,天地科技股份有限公司提交了《陕西长武亭南煤业有限责任公司亭南煤矿二、三盘区水体及建(构)筑物下压煤开采设计》。报告综合分析,确定二盘区、三盘区选取16倍的裂高采厚比预计导水裂缝带的发育高度。

(6)2012年11月,陕西煤田地质局186队完成"204工作面采后导水裂缝带发育高度"2个地面孔的施工。采用钻孔冲洗液消耗观测法和钻孔电视探测法测定研究煤层顶板导水裂缝带的发育高度。初步成果显示,导水裂缝带发育高度135.23 m,约为煤层采厚的22.7倍。

(7)2014年6月,陕西省煤田地质185队施工304工作面两带探查孔TC2,现场探查成果取孔深221.96 m处为导水裂缝带顶点,考虑钻孔孔口标高为899.95 m,导水裂缝带顶部发育标高为677.99 m,距离4号煤层顶板254.04 m,而井下实测TC2孔处4号煤层采厚9.1 m,计算得裂高采厚比为27.9倍。因此,顶板导水裂缝带发育高度为254.04 m。

2)研究情况评述

2004年6月至2014年6月,煤炭科学研究总院西安研究院、天地科技股份有限公司、陕西煤田地质局185队、陕西煤田地质局186队先后采用理论研究、现场实测方法在亭南煤矿开展了导水裂缝带高度研究工作,研究工作根据亭南煤矿实际开采条件,研究成果可靠,为亭南煤矿井下防治水设计及施工提供了理论依据。不同开采方法,导水裂缝带发育高度相差较大。一盘区南部采用条带开采,工作面布置较小,采用106工作面,实测裂采比13.3;一盘区北部采用107工作面,实测裂采比16.6;二盘区采用204工作面,实测裂采比22.7;三盘区采用304工作面,实测裂采比27.9。

《水文地质类型划分报告》在综合分析国内综放开采覆岩导水裂缝带成果的基础上,根据工作面开采宽度、开采高度、覆岩发育充分程度,应用类比法详细分析了彬长矿区亭南、胡家河、大佛寺、下沟矿综放开采覆岩导水裂缝带观测成果,得出了"二盘区、四盘区综放开采的裂采比可按18.0计算"的结论。

本研究在分析导水裂缝带时,二盘区207工作面周边175、176、

ZK10-1、9-1、9-2 五个钻孔处裂采比按照 207 工作面实测裂采比 22.7 计算，二盘区其他钻孔按照 18 计算。三盘区按照 304 工作面实测裂采比 27.9 计算。其他区域裂采比选择与《水文地质类型划分报告》相同。

7. 导水裂隙带发育高度预测成果

根据前述分析，依据井田内穿见 4 号煤层的 64 个钻孔资料，按照上述实测裂采比对亭南煤矿开采后导水裂隙带发育高度进行预测，该预测成果表示井田内煤炭资源全部开采时裂隙发育情况。各钻孔裂隙带发育高度预测成果见表 7-2。

上述分析是从煤炭资源全部开采考虑的，可以看出：

第一，从全部开采裂隙发育高度等高线图来看，裂隙发育高度从东北向西南呈扇状变薄分布：井田东北部以 175、ZK10-1、9-1 钻孔为中心，形成隆起区，向东南、南部和西南逐渐变薄，最后尖灭于薄煤带边界。虽然上述三个钻孔煤层厚度在全井田并不是最大的，但由于它们靠近 207 工作面，而 207 工作面的实测裂采比为 22.7，大于煤层最厚处(96 孔)的实测裂采比 16.6，因此裂隙带发育最高处聚集在 9-1 钻孔附近。

第二，绝大部分钻孔处的裂隙发育高度都进入了洛河组，64 个钻孔中，有 42 个钻孔处的裂隙进入洛河组，占比 66%。其主要原因是煤层较厚；所有的裂隙高度都没有进入上部的华池组；裂隙带未进入洛河组的 22 个钻孔中，达到宜君组的有 16 个，占比 25%；所有钻孔裂隙高度均达到安定组。

第三，裂隙带发育高度最高的和进入洛河组最深的钻孔为同一个钻孔，均为 9-1 钻孔，该钻孔处裂隙发育高度 481.467 m，裂隙顶标高 554.763 m，进入洛河组 399.067 m。

为了能够更为直观地分析导水裂隙带发育对煤层以上含水层的影响，根据本次导水裂隙发育高度预测成果，选取了最具代表性的特征钻孔 9-1 钻孔，绘制出了该钻孔的裂隙带高度发育柱状图；并在井田 9 号勘探线中添加了导水裂隙发育高度曲线图；根据“实测裂采比”比拟法对裂隙发育高度的预测，绘制了一张裂隙带发育高度剖面图。

表 7-2　各钻孔裂隙带发育高度预测成果

序号	孔号	裂采比	裂隙高度/m	裂隙顶标高/m	K_1h		K_1l		K_1y		J_2a	
					底界标高/m	判断	底界标高/m	判断	底界标高/m	判断	底界标高/m	判断
1	10	18	159.12	651.220	852	未	565.68	进入	533.66	进入	492.1	进入
2	42	13.3	166.915	656.185	838.12	未	588.12	进入	553.32	进入	489.27	进入
3	44	27.9	351.54	838.520	884.17	未	576.07	进入	548.17	进入	486.98	进入
4	95	13.3	65.17	599.530	879.58	未	630.16	未	591.66	未	534.36	进入
5	96	16.6	385.784	832.464	841.58	未	577.78	进入	532.98	进入	446.68	进入
6	112	18	162.9	635.640	850.54	未	547.19	进入	529.39	进入	472.74	进入
7	127	18	279.18	750.490	865.21	未	560.31	进入	529.21	进入	471.31	进入
8	132	13.3	21.413	569.913	893.9	未	628.4	未	590.4	未	548.5	进入
9	164	13.3	210.14	738.360	845.09	未	625.09	未	583.59	进入	528.22	进入
10	174	27.9	132.525	648.025	911.6	未	603.82	未	566.96	进入	515.5	进入
11	175	22.7	477.835	937.935	870.75	未	570.5	进入	532.31	进入	460.1	进入
12	176	22.7	431.3	899.210	862.11	未	563.11	进入	527.01	进入	467.91	进入
13	T1	27.9	94.86	640.920	901.86	未	607.36	未	577.86	进入	546.06	进入

续表 7-2

序号	孔号	裂采比	裂隙高度/m	裂隙顶标高/m	K_1h		K_1l		K_1y		J_2a	
					底界标高/m	判断	底界标高/m	判断	底界标高/m	判断	底界标高/m	判断
14	T2	13.3	146.3	670.690	841.98	未	620.01	未	575.51	进入	524.39	进入
15	T3	13.3	147.763	664.883	880.72	未	624.72	未	581.42	进入	517.12	进入
16	T4	13.3	31.122	560.212	852.96	未	622.96	未	582.96	进入	529.09	进入
17	T5	13.3	252.7	759.330	891.4	未	623.9	未	582.9	进入	506.63	进入
18	T6	13.3	163.856	684.926	843.64	未	612.18	未	569.08	进入	521.07	进入
19	T7	13.3	71.022	595.652	881.13	未	621.43	未	582.63	进入	524.63	进入
20	T8	13.3	65.037	606.817	893.42	未	632.92	未	597.92	未	541.78	进入
21	T9	13.3	137.256	663.326	854.59	未	610.64	未	566.84	进入	526.07	进入
22	T10	13.3	86.051	619.201	884.82	未	612.92	未	572.22	进入	533.15	进入
23	T11	13.3	38.57	582.600	882.8	未	628.7	未	590.1	未	544.03	进入
24	T12	13.3	36.708	589.378	896.37	未	634.41	未	595.21	未	552.67	进入
25	T13	27.9	389.205	894.445	887.07	未	577.77	进入	546.27	进入	505.24	进入
26	T14	27.9	27.9	577.450	894.63	未	620.83	未	589.63	未	549.55	进入

续表 7-2

序号	孔号	裂采比	裂隙高度/m	裂隙顶标高/m	K_1h		K_1l		K_1y		J_2a	
					底界标高/m	判断	底界标高/m	判断	底界标高/m	判断	底界标高/m	判断
27	检 1	13.3	154.679	674.469	842.16	未	619.1	未	576.41	进入	519.79	进入
28	检 2	13.3	157.339	677.149	842.14	未	610.65	未	575.01	进入	519.81	进入
29	W1	13.3	102.144	629.926	838.732	未	630.982	未	583.282	进入	527.782	进入
30	W2	13.3	81.13	568.727	817.847	未	583.647	进入	549.197	进入	487.597	进入
31	W3	13.3	201.096	724.415	854.939	未	618.089	未	586.339	进入	523.319	进入
32	ZK1-1	18	37.8	530.319	860.489	未	551.199	进入	535.469	进入	492.519	进入
33	ZK3-1	18	224.46	702.396	851.336	未	547.356	进入	523.356	进入	477.936	进入
34	ZK3-2	18	172.8	645.481	861.281	未	550.731	进入	532.081	进入	472.681	进入
35	ZK3-3	18	89.64	587.435	861.835	未	557.035	进入	546.285	进入	497.795	进入
36	ZK4-1	18	261	731.243	858.843	未	542.993	进入	521.393	进入	470.243	进入
37	ZK4-2	18	160.02	618.620	878.48	未	554.73	进入	530.5	进入	458.6	进入
38	ZK4-3	18	77.76	576.828	867.838	未	564.658	进入	545.838	进入	499.068	进入
39	ZK4-4	18	172.62	632.887	874.487	未	545.637	进入	521.587	进入	460.267	进入

续表 7-2

序号	孔号	裂采比	裂隙高度/m	裂隙顶标高/m	K_1h		K_1l		K_1y		J_2a	
					底界标高/m	判断	底界标高/m	判断	底界标高/m	判断	底界标高/m	判断
40	ZK4-5	27.9	122.76	631.536	871.576	未	563.876	进入	546.426	进入	508.776	进入
41	ZK5-1	18	247.86	720.561	859.621	未	552.631	进入	525.361	进入	472.701	进入
42	ZK5-2	18	158.4	647.972	867.602	未	560.712	进入	536.262	进入	489.572	进入
43	ZK5-3	18	265.14	738.317	857.557	未	555.257	进入	519.407	进入	473.177	进入
44	ZK6-1	18	287.1	754.688	854.258	未	546.258	进入	521.458	进入	467.588	进入
45	ZK6-2	18	259.38	738.813	865.433	未	552.683	进入	526.783	进入	479.433	进入
46	ZK6-3	18	174.78	666.940	868.7	未	561.72	进入	535	进入	492.16	进入
47	ZK6-4	18	239.04	711.911	854.721	未	550.271	进入	520.921	进入	472.871	进入
48	ZK7-1	18	341.82	800.156	859.796	未	546.996	进入	516.796	进入	458.336	进入
49	ZK7-2	18	273.24	745.938	862.888	未	555.488	进入	521.988	进入	472.698	进入
50	ZK7-3	18	183.6	674.236	873.436	未	563.136	进入	536.336	进入	490.636	进入
51	ZK8-1	18	356.22	813.427	852.827	未	554.477	进入	520.027	进入	457.207	进入
52	ZK8-2	18	312.3	789.647	869.747	未	566.617	进入	535.347	进入	477.347	进入

续表 7-2

序号	孔号	裂采比	裂隙高度/m	裂隙顶标高/m	K_1h		K_1l		K_1y		J_2a	
					底界标高/m	判断	底界标高/m	判断	底界标高/m	判断	底界标高/m	判断
53	ZK10-1	22.7	467.847	932.258	848.011	未	562.111	进入	525.611	进入	464.411	进入
54	ZK12-1	16.6	380.14	829.409	843.319	未	575.169	进入	536.869	进入	449.269	进入
55	TN-2	27.9	130.851	632.286	891.155	未	570.625	进入	564.185	进入	501.435	进入
56	5-4	27.9	234.081	704.060	877.209	未	563.879	进入	543.429	进入	469.979	进入
57	5-5	27.9	164.61	666.045	871.905	未	572.595	进入	555.065	进入	501.435	进入
58	6-5	18	105.84	599.415	873.875	未	567.375	进入	547.195	进入	493.575	进入
59	6-6	27.9	326.151	812.633	876.562	未	564.712	进入	546.082	进入	486.482	进入
60	7-4	27.9	82.584	626.926	903.582	未	599.372	未	573.982	进入	544.342	进入
61	9-1	22.7	481.467	953.830	862.863	未	554.763	进入	523.363	进入	472.363	进入
62	9-2	22.7	437.883	911.434	868.431	未	562.981	进入	534.781	进入	473.551	进入
63	9-3	27.9	275.094	794.490	899.526	未	581.576	进入	556.876	进入	519.396	进入
64	3-2	27.9	124.155	623.509	907.564	未	567.934	进入	557.654	进入	499.354	进入

注:判断列中“未”表示开采裂隙未进入该地层,“进入”表示开采裂隙进入该地层。

地层综合柱状图、9-1 孔柱状图中裂隙发育高度示意图见图 7-1 和图 7-2,可采区域钻孔及剖面位置图见图 7-3,9-9′勘探线剖面裂隙高度发育示意图见图 7-4。为更全面地反映全井田的裂隙带发育高度分布情况,本报告根据井田内 46 个钻孔,利用插值法绘制了全井田的裂隙发育高度的预测等厚线图(见图 7-5)。

根据调研,矿方出于矿井防水安全考虑,对煤层开采高度进行了限制,以控制裂隙发育高度,减小矿井涌水量。其控制基本原则为:以开采后裂隙发育高度进入洛河组底界面以上不超过 50 m 为限,根据实测裂采比反推计算出煤层现采厚度。但在实际采矿过程中是难以实现这种动态变化的开采厚度的,所以一般在工作面回采前,计算确定限采厚度后,按照该确定的厚度值进行回采。本研究分析,以已开采的 303、304、106、107、204 等工作面实际限采厚度为基准,分区域大致确定了各钻孔处的限采厚度,由此厚度计算出各个开采区域限厚开采后的裂隙发育高度,再剔除工业广场煤柱、边界煤柱、水库大坝煤柱、高速公路绕道煤柱等禁采区后,大致绘制了限厚开采(扣除永久煤柱)情况下的裂隙发育高度预测等厚线图(见图 7-6)。图 7-6 中空白区为工业广场保护煤柱、边界煤柱、高速公路绕道煤柱和水库大坝煤柱,这些煤柱为不可回收煤柱,该处资源不进行回采,故不产生裂隙。从图 7-6 中可以看出,裂隙发育高度主要集中于中部,其原因是煤厚较厚,限厚开采后,开采高度相近,导致裂隙发育高度相差不大,且趋于全井田最大。裂隙高度较小区域分布于井田周边,主要原因是周边煤层较薄,限厚开采对其影响不大。

7.1.2.2　采煤对上覆含水层的影响分析

1. 采煤对第四系和新近系含水层的影响

第四系和新近系共有三个含水层,分别为第四系冲洪积层孔隙潜水含水层、第四系黄土孔隙-裂隙潜水含水层、新近系砂卵砾含水层。

第四系冲洪积层孔隙潜水含水层主要分布于泾河、黑河河谷中,一般厚度 5~10 m,最大 14 m。上部以砂质黏土、粉砂为主,下部为中-粗砂及砾卵石层。地下水位埋深 5~11 m,水位年变幅 0.80~1.50 m,属富水性中等-强含水层。水质类型为 HCO_3-Na · Ca · Mg、HCO_3 · SO_4-

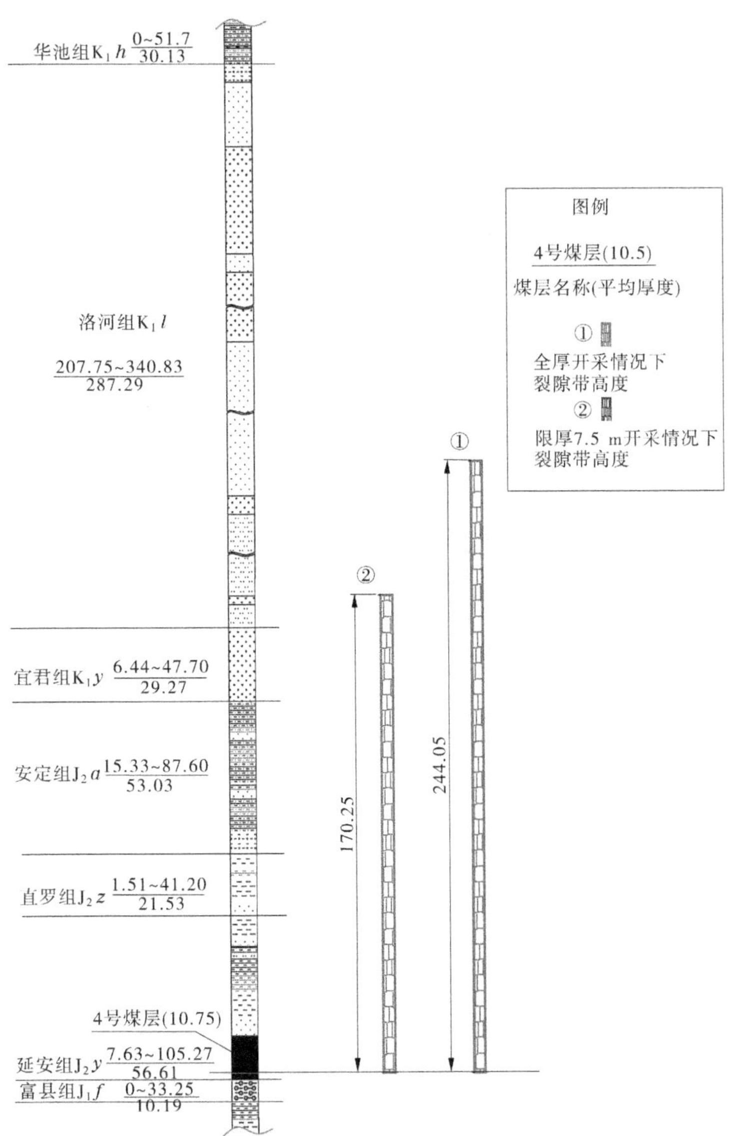

图 7-1　综合柱状开采裂隙发育高度预测图　(单位:m)

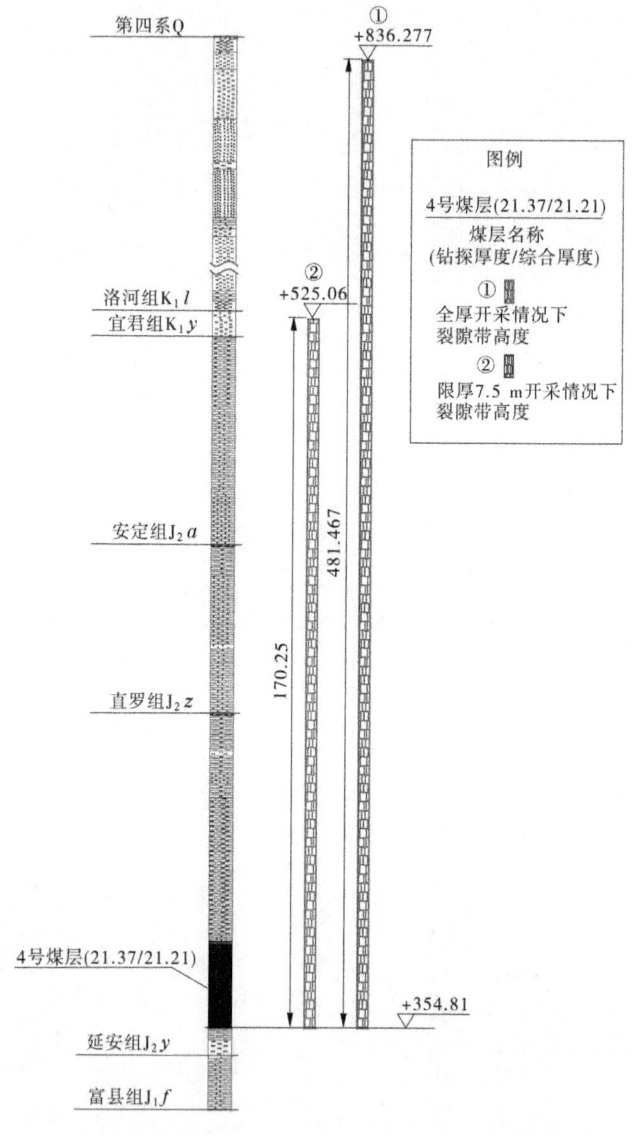

图 7-2　9-1 孔柱状开采裂隙发育高度预测图　（单位:m）

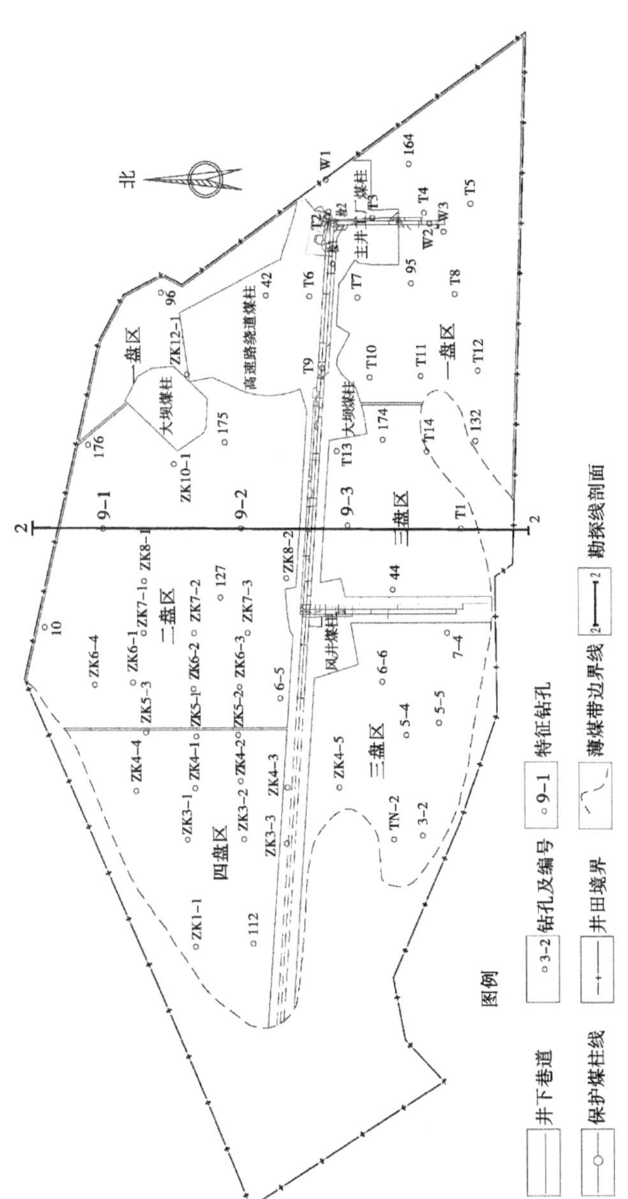

图 7-3　可采区域、钻孔及剖面位置图

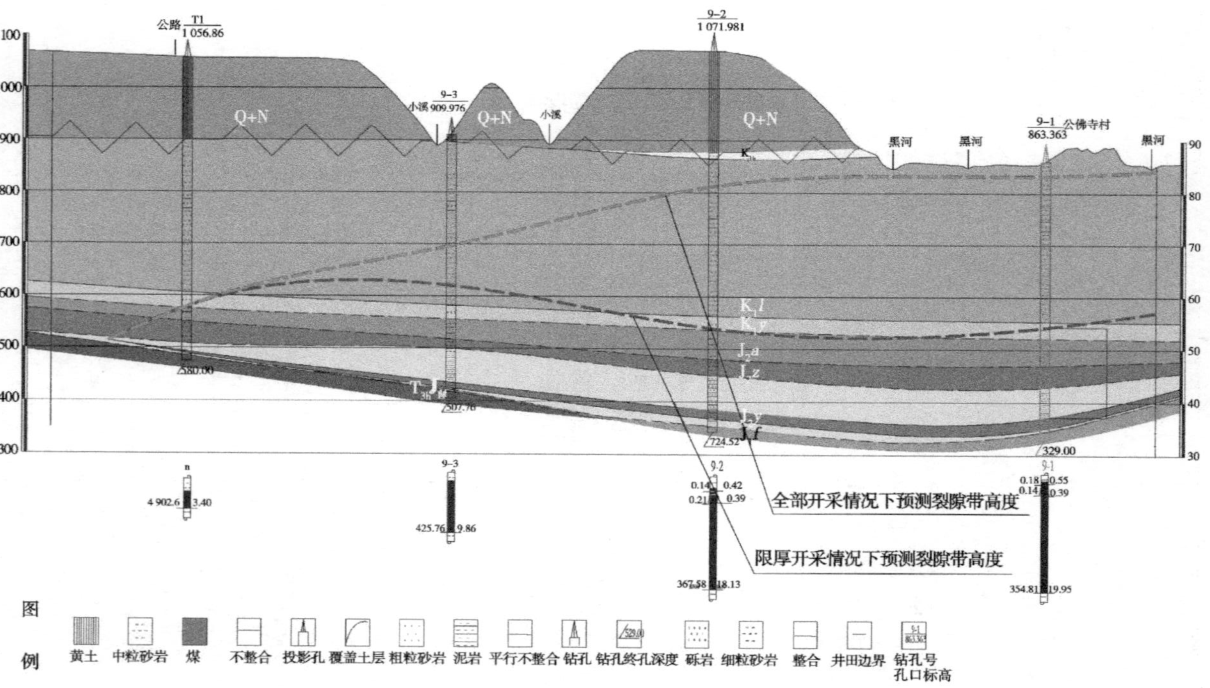

图 7-4　9-9′勘探线剖面裂隙发育示意图

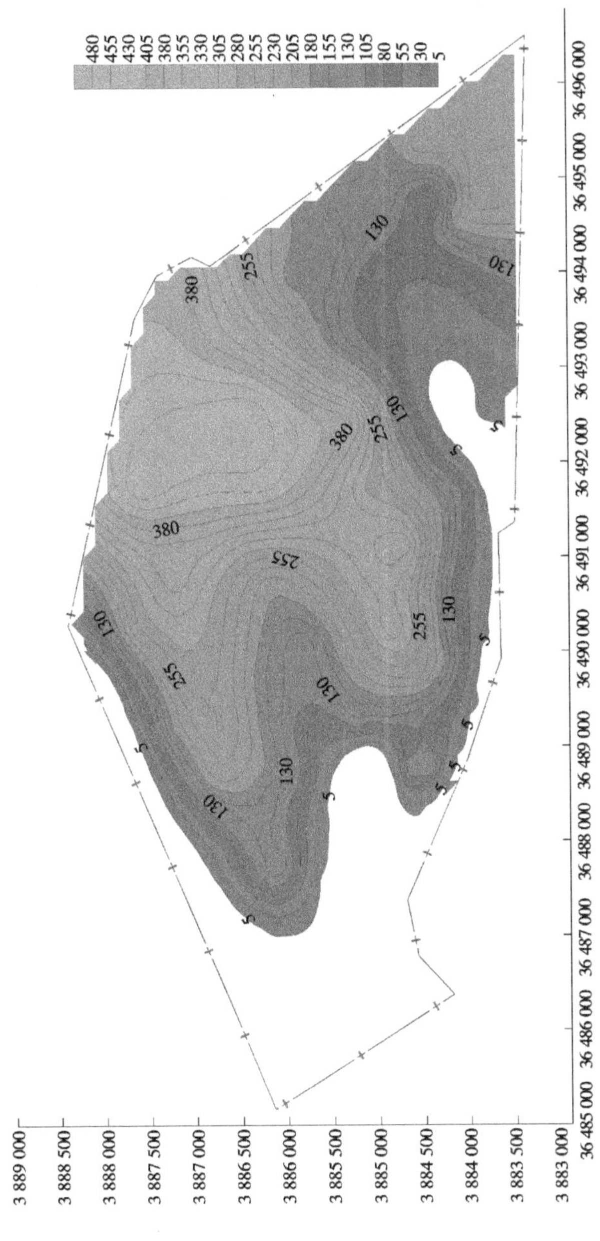

图 7-5　全井田的裂隙发育高度的预测等厚线图　（单位:m）

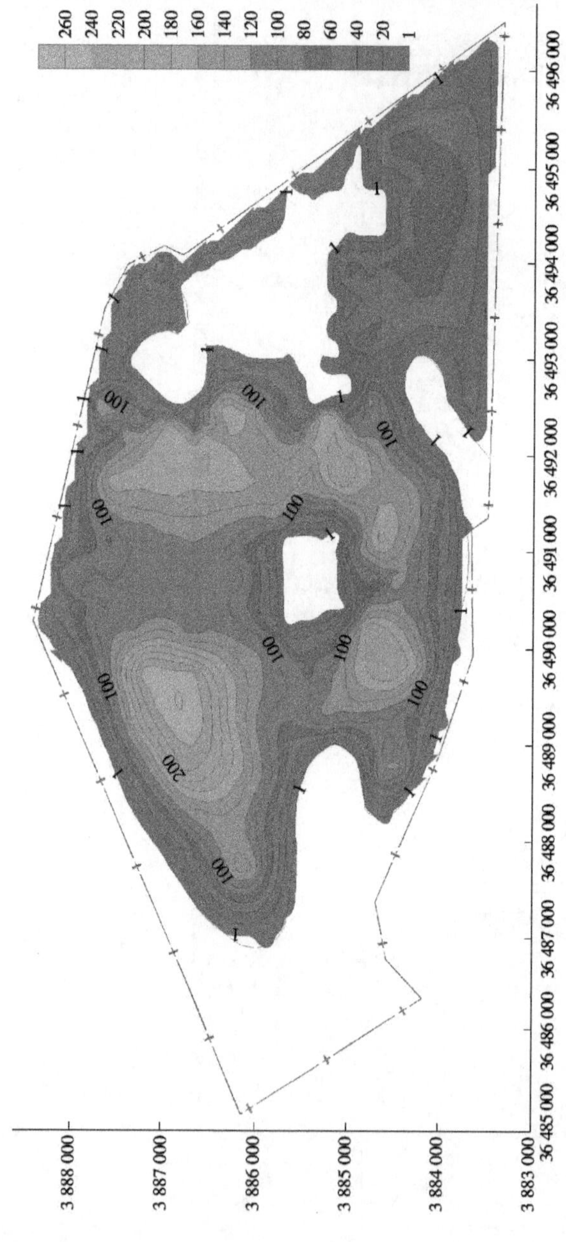

图 7-6　限厚开采(扣除永久煤柱)情况下的裂隙发育高度预测等厚线图　（单位:m）

Na、SO_4 · Cl · HCO_3-Na · Mg · Ca 型，矿化度为 0.96~2.416 g/L，水温 10~13 ℃。

第四系黄土孔隙-裂隙潜水含水层分布于巨家塬东北部残塬宽梁地段，厚度 60~80 m。主要由黄土、砂黄土、古土壤组成，属孔隙-裂隙潜水含水层。于塬边缘普遍出露，泉流量 0.002~1.192 L/s。泉点标高 930.79~1 070.704 m。民井水位埋深 1.5~80 m，含水层厚度 0.7~20 m，水位标高 979.834~1 124.068 m。富水性弱。水质类型 HCO_3-Ca · Mg、HCO_3-Mg · Ca · Na、HCO_3-Ca · Mg · Na，矿化度 0.300~0.655 g/L，水温 11~15 ℃。

新近系砂卵砾含水层段断续分布于红土层底部，于沟谷中零星出露，一般厚 2.30~9.61 m。岩性以浅棕色-浅灰褐色半固结状中粗碎屑堆积物为主，形成弱的含水层。当底部有隔水层时，在沟谷中以泉的形式排泄于地表，泉流量 0.005~0.500 L/s，平均 0.199 L/s，泉水出露标高 895.809~1 038.254 m；民井水位埋深 2.3 m，含水层厚度 2.0 m，水位标高 951.919 m。水质类型为 HCO_3-Na · Ca、HCO_3-Mg · Na · Ca 型，矿化度为 0.30~0.489 g/L，水温 12~18 ℃。

上述含水层主要接受大气降水补给，其中间有新近系小章沟组上段红土稳定型隔水层阻隔。其下部有白垩系华池组相对隔水层，开采裂隙达不到华池组低界面。因此，矿井开采对上述三个含水层影响较小。

2. 采煤对洛河组含水层的影响

洛河组含水层全区分布，伏于环河华池组相对隔水岩组之下，于泾河、黑河河谷中呈条带状出露。含水层主要由中-粗砂岩组成，井田东南部薄，厚度 100 m 左右，西北部厚度 200~300 m。泉流量 0.089 L/s，标高 871.589 m。民井水位埋深 0.30 m，标高 858.250 m。泉水水质类型为 HCO_3-Mg · Na · Ca，矿化度为 0.640 g/L，水温 22 ℃。单位涌水量 0.000 1~0.395 8 L/(s · m)，富水性中等。

根据裂隙发育高度预测结果，全部开采情况下，现有资料中的 64 个钻孔，有 42 个开采裂隙进入洛河组，平均穿入深度为 147.656 m。在限厚开采的情况下，仍有 10 个孔开采裂隙进入洛河组，穿入深度平均在 50 m 以下，其余钻孔则接近洛河组底界面，因此有理由相信，矿井开采对洛河组含水层影响较大。

亭口水库及反调节水库建成蓄水后，黑河河谷与中塬沟沟谷两侧出露的白垩系洛河组地层将处于水面之下，水库和白垩系含水层存在水力联系，会成为其补给来源。但亭南煤矿目前采取限高开采、保水采煤等措施后，对水库来水影响轻微。

3. 采煤对白垩系宜君组砾岩孔隙-裂隙承压含水层的影响

白垩系宜君组砾岩孔隙-裂隙承压含水层井田内无出露，据钻探资料，厚度 6.44（TN-2 号孔）~47.70 m（W1 号孔），平均 29.27 m。岩性为紫杂色块状砾岩，砾石成分以石英、燧石为主，砾径 3~7 cm。砾石多为浑圆状，砂泥质充填，钙、铁质胶结。据邻区大佛寺井田钻孔抽水试验，单位涌水量 0.008 8 L/(s·m)，富水性弱；渗透系数 0.020 m/d，水质类型为 SO_4-Na 型，矿化度为 5.39 g/L。组抽水试验渗透系数 0.003 632 m/d。单位涌水量 0.063 0~0.269 3 L/(s·m)，富水性弱至中等。

根据裂隙带发育高度，无论是全部开采还是限厚开采，绝大部分钻孔均穿过或穿透该含水层。因此，该含水层水将得到疏排，采矿活动对其影响较大。

4. 采煤对侏罗系直罗组、延安组含水层的影响

侏罗系直罗组砂岩裂隙承压含水层井田内无出露，钻探揭露中部及北部厚 20~40 m，中南部和西南部厚度不足 10 m，平均厚度 21.53 m。岩性为浅灰绿色中-粗粒长石、石英砂岩，夹灰绿色泥岩、砂质泥岩；底部常为浅灰绿色粗砂岩、含砾粗砂岩；顶部泥质增多，夹紫灰色泥岩。砾石成分为石英燧石，浑圆状，砾径 1~3 cm，分选差。砂岩以长石石英砂岩为主，含少量石膏。抽水试验显示：单位涌水量 0.000 5 L/(s·m)，渗透系数 0.000 53 m/d，富水性弱。水质类型为 Cl-Na，矿化度为 12.58 g/L。

侏罗系延安组裂隙承压含水层井田内无出露，含水层为 4 号煤层及其老顶中粗砂岩、砂砾岩。井田东北及西南部厚 50~70 m，中部及东南厚 30~50 m，其余地段小于 30 m。延安组抽水试验成果：单位涌水

量0.000 1~0.011 6 L/(s·m),富水性弱;渗透系数0.000 267~0.047 55 m/d。水质类型为SO_4-Na、Cl-Na型,矿化度为1.992~15.79 g/L。

根据裂隙发育高度预测结果,无论是全部开采还是限厚开采,煤层开采后产生的导水裂隙带均可以穿透直罗、延安地层,采矿过程中,这两个地层中的裂隙水将得到疏排,但由于这两个地层富水性弱,且补给不足,因此采矿疏排对矿区水资源影响很小。

7.1.3　对亭口水库和反调节水库大坝的影响

亭口水库工程是彬长矿区重大基础设施项目,主要包括亭口水库枢纽工程和反调节蓄水工程。亭口水库枢纽工程坝址和部分库区位于亭南井田范围内(东北部)的黑河上,反调节蓄水工程坝址和水库区均位于亭南井田范围之内的中塬沟内。

根据2011年1月陕西长武亭南煤业有限责任公司及煤炭科学研究总院西安研究院联合编制的《亭口水库对亭南矿井水文地质环境的影响分析及防治水技术研究》,依据《建筑物、水体、铁路及主要井巷留设与压煤开采规程》第50条,亭口水库下采煤水体采动等级划分为Ⅰ级,不允许导水裂缝带涉及水体,要求留设的安全煤岩柱类型为顶板防水安全煤岩柱。根据咸阳市亭口水库工程建设处2010年编制的《陕西省亭口水库反调节蓄水工程压覆矿产资源储量核实报告》,亭南煤矿对亭口水库反调节蓄水工程压覆区压覆煤炭资源保安煤柱按表7-3留设。

表7-3　亭南水库反调节蓄水水库工程4号煤层保安煤柱宽度

名称	煤层	松散层平均厚度/m	基岩平均厚度/m	围护带宽度/m	保安煤柱宽度/m
坝址	4号煤层	40	408	20	169.32
输水涵洞		40	408	20	169.32
水库蓄水区		31	447		150.77

亭口水库枢纽工程和反调节蓄水工程主要位于亭南煤矿二盘区所在区域。亭南煤矿计划在二盘区采用留底煤一次采全高 6 m 的开采方法,根据公式计算,二盘区需要留设的防水安全煤岩柱为 114 m。图 7-7 为白垩系宜君组底板距离 4 号煤层顶板厚度等值线图,由图 7-7 可以看出,二盘区大部分地区白垩系宜君组底板距离 4 号煤层顶板厚度为 120~150 m,需要留设的防水安全煤岩柱高度小于该开采区域内的岩柱厚度。在二盘区西部和北部部分区域白垩系宜君组底板距离 4 号煤层顶板厚度小于 115 m,如北部 10 号孔,岩柱厚度为 93. 36 m,ZK6-5 为 99. 35 m,ZK6-3 为 105. 06 m,其厚度小于防水安全煤岩柱厚度 114 m。另外,在一盘区西部、三盘区和四盘区部分区域白垩系宜君组底板距离 4 号煤层顶板厚度也小于 115 m。在这些区域开采时,需要降低采高实行限厚开采,才能保证开采形成的导水裂缝带不涉及宜君组含水层。

目前,亭南煤矿在开采亭口水库反调节蓄水工程压覆区煤炭资源时,在留设保安煤柱的同时实行限厚开采,确保导水裂缝带高度不涉及宜君组含水层,实现 4 号煤层安全开采。

7. 1. 4 对其他用水户的影响

自实施以来,亭南煤矿实行“先搬后采”,前后启动了四个盘区地表搬迁工作,具体情况分别如下:一盘区涉及安华村需搬迁 120 户 484 人,现已搬迁 105 户,主要搬迁到亭口镇政府驻地附近的怡和水岸安置小区;二盘区涉及柴厂村中塬组需搬迁 88 户计 315 人,目前已全部搬迁到安置新村(柴厂社区)(见图 7-8);三盘区涉及宇家山村需搬迁 149 户计 505 人,已搬迁 143 户,搬迁进入尾声。四盘区涉及阳坡村 155 户 507 人,已签订搬迁协议,即将开始征地和建设安置新村。公司预计搬迁总投资 25 904. 316 万元,已完成投资 16 013. 64 万元。

目前,亭南煤矿对一盘区塌陷区、5 年塌陷区加强岩移观测工作,在回采工作面地表建立了地表移动观测站;开展二盘区“大采高工作面开采地表沉陷灾害控制研究”,保证地表建筑物安全和地表山体稳定; 应用 YLH-12 地表沉陷预计评价软件 ,在三盘区 303 工作面开采

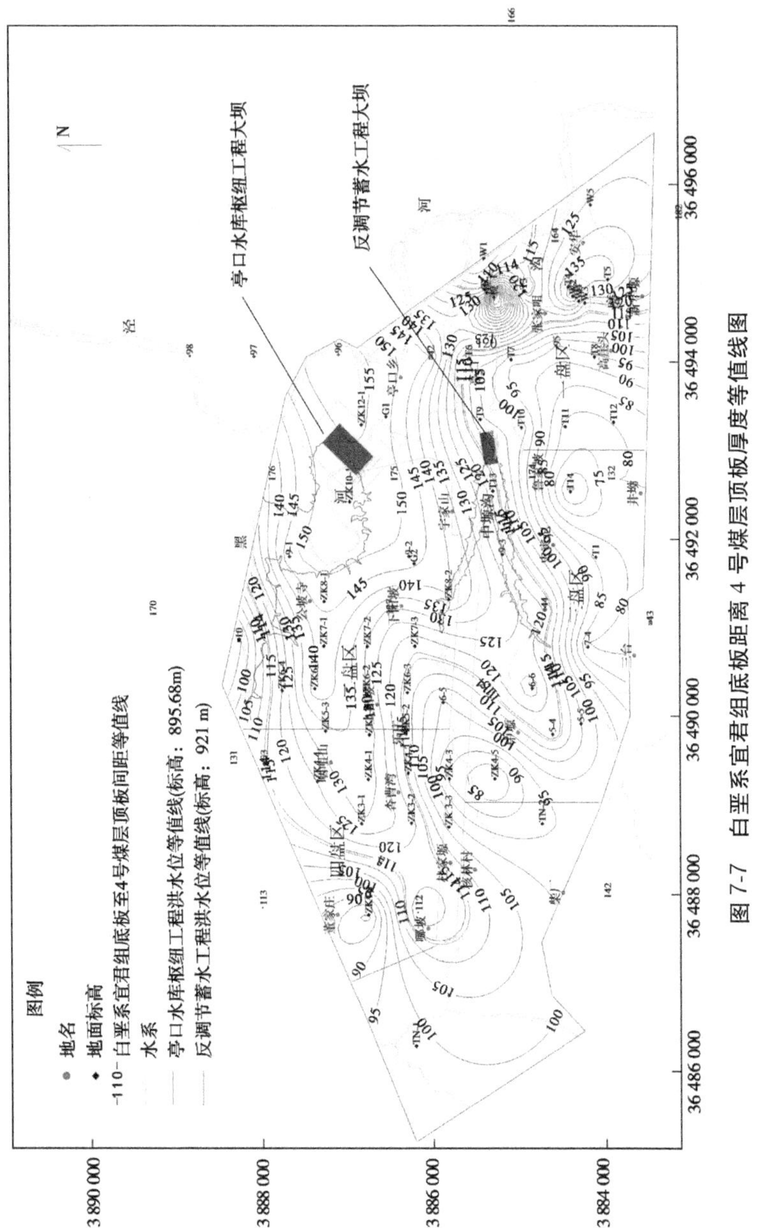

图 7-7　白垩系宜君组底板距离 4 号煤层顶板厚度等值线图

图 7-8 亭南煤矿部分搬迁安置工程实景图

之前,形成了影响地表建筑物预计评价报告,同时自行设计观测站,开采期间观测数据精度符合规程要求,为工作面采高和停采位置的确定以及村庄搬迁提供了技术依据。

同时坚持地面巡视工作,及时对采矿活动带来的地表次生灾害进行监测监控,建立巡视台账,并绘制环境治理图,根据巡视结果,目前地面受采煤塌陷影响较小。

7.2 地下水取水影响论证

经前分析,亭南煤矿地下水取水量为 828 m^3/d,开采 $7^{\#}$井即可满足用水需求,按照此用水量计算的最大水位降深为 48.75 m,占含水层厚度 182.4 m 的 26.73%,取水量占天然补给量的 39%,按照 828 m^3/d 取水后造成地下水的水位降幅和影响半径均很小,取水保证程度很高,周边亦无其他取水户,取用地下水影响轻微。

亭南煤矿取用地下水量为 30.2 万 m^3/a,仅占长武县 2020 年用水总量控制指标(4 600 万 m^3)的 0.66%;根据第 3 章内容,长武县用水总量控制指标尚有余量,亭南煤矿取用地下水对区域水资源配置影响很小。同时,亭南煤矿立足于充分回用自身矿井涌水基础上申请取用地下水,亦符合《水利部关于非常规水源纳入水资源统一配置的指导意见》(水资源〔2017〕274 号)的有关要求。

7.3 小　结

(1)亭南煤矿通过建设矿井涌水处理站和矿井涌水深度处理系统,将自身的水质较差的矿井涌水再生利用于生产和生活,在此基础上多余矿井涌水经处理后满足《地表水环境质量标准》(GB 3838—2002)Ⅲ类水质标准后排入泾河干流,一方面节约了新水资源,提高了水资源的利用效率,同时避免了矿井涌水中污染物对区域水环境的影响,对区域水资源的优化配置有积极的作用。

(2)依据井田内穿见4号煤层的64个钻孔资料,按照实测裂采比对亭南煤矿开采后导水裂隙带发育高度进行预测,该预测成果表示绝大部分钻孔处的裂隙发育高度都进入了洛河组。煤矿开采对第四系冲洪积层孔隙潜水含水层、第四系黄土孔隙-裂隙潜水含水层、新近系砂卵砾含水层段基本无较大影响,洛河组含水层、白垩系宜君组砾岩孔隙-裂隙承压含水层、侏罗系直罗组、延安组含水层水将得到疏排,采矿活动对其影响较大。

(3)亭南煤矿涉及的搬迁村庄及居民由企业出资,政府统一安置。目前,亭南煤矿对一盘区塌陷区、5年塌陷区加强岩移观测工作,同时坚持地面巡视工作,及时对采矿活动带来的地表次生灾害进行监测监控,根据巡视结果,目前地面受采煤塌陷影响较小。

(4)亭南煤矿按照828 m^3/d开采7#井即可满足用水需求,取水后造成地下水的水位降幅和影响半径均很小,取水保证程度很高,周边亦无其他取水户,取用地下水影响轻微。

第 8 章　退水影响论证

8.1　退水方案

8.1.1　退水系统及组成

亭南煤矿废污水主要来源为井下排水(矿井涌水和井下生产析出水)、生活污水、选煤厂泥水等。

(1)按照“分质处理、分质回用”,通过对亭南煤矿各环节用水情况进行合理性分析,对矿井生产、生活用水量重新核定。

(2)经节水潜力分析后,亭南煤矿矿井涌水做到最大化回用。经计算,正常工况下,矿井涌水处理达标后可用水量为 2 645.1 万 m^3/a,有 149.1 m^3/a 回用自身生产,剩余 2 496.0 万 m^3/a 外排入河。最大矿井涌水工况下,可用水量为 3 539.9 万 m^3/a,处理损耗为 35.4 万 m^3/a,有 3 355.4 万 m^3/a 处理达标后的矿井涌水外排入河。

(3)选煤厂洗煤产生的煤泥水采用浓缩机和加压过滤机处理后内部循环使用不外排。

8.1.2　退水总量、主要污染物排放浓度和排放规律

经分析,正常工况下亭南煤矿退水总量、主要污染物排放浓度和排放规律见表 8-1。

8.1.3　退水处理方案和达标情况

8.1.3.1　亭南煤矿水处理方案及达标情况

1. 矿井涌水处理站处理方案及达标情况

1)矿井水处理方案

现状亭南煤矿矿井水处理站设计规模 3 100 m^3/h, 主要为磁分离

表 8-1　亭南煤矿退水总量、主要污染物排放浓度和排放规律

名称	产生量/(m^3/d)	排水时间/d	外排量/(万 m^3/a)	退水去向及用途
矿井涌水	73 200(正常)	365	2 496	经矿井水处理站处理后，部分回用内部生产生活，其余无法回用达标排放至黑河
	96 984(最大)		3 355.4	
生活污水	951.8		0	至亭口镇污水处理厂
合计	74 151.8(正常) 97 935.8(最大)		2 496(正常) 3 355.4(最大)	

矿井水净化工艺(见图 8-1)，出水水质执行《煤炭工业污染物排放标准》(GB 20426—2006)和《黄河流域(陕西段)污水综合排放标准》(DB 61/224—2011)，其中 pH 值为 6～9，SS≤50 mg/L，COD_{Cr}≤50 mg/L，石油类≤5 mg/L，氨氮≤10 mg/L。目前，矿井水处理站处理达标后的水复用于井下洒水、绿地浇洒、地面冲洗及生活冲厕，多余部分由外排入河。亭南煤矿原矿井水处理工艺流程见图 8-1。

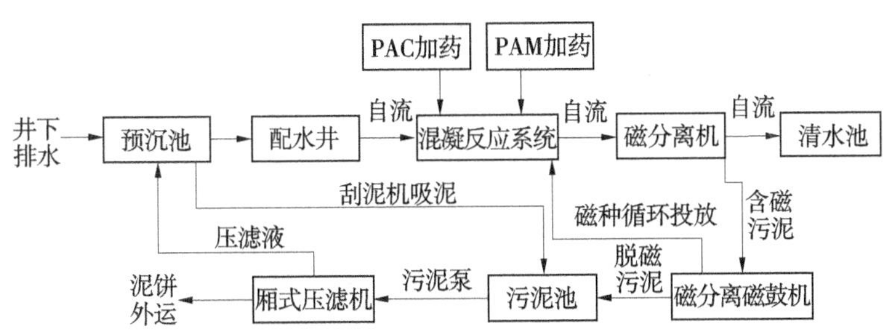

图 8-1　亭南煤矿原矿井水处理工艺流程

2020 年 4 月，亭南煤矿在工业场地对面新建矿井水处理扩容工程，2021 年 10 月已完工运行。建设规模 3 500 m^3/h，采用混凝、澄清、过滤及消毒工艺，经处理后的矿井水满足《地表水环境质量标准》(GB 3838—2002)Ⅲ类标准要求，一部分回用于亭南煤矿工业及生活，部分外排至黑河(见图 8-2)。

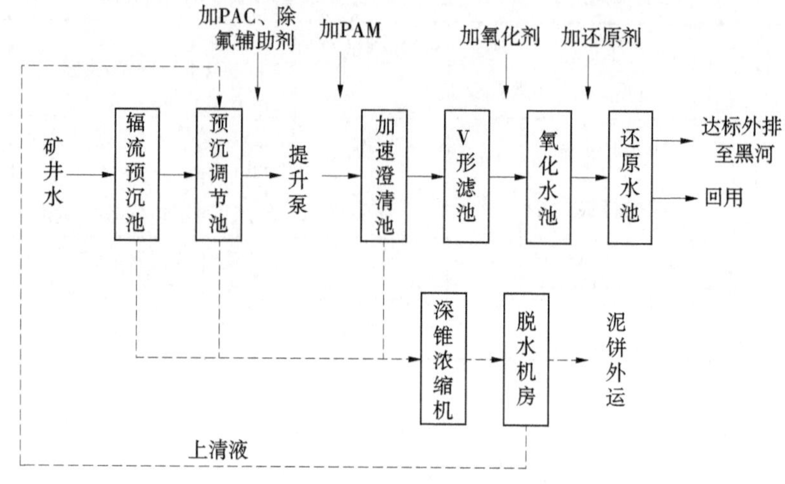

图 8-2　亭南煤矿矿井水处理扩容工艺流程

亭南煤矿矿井水处理扩容工程建设实景图见图 8-3。

图 8-3　亭南煤矿矿井水处理扩容工程建设实景图

亭南煤矿矿井水处理扩容工程投入使用后,原矿井水处理站备用。

预测的正常矿井涌水与井下洒水析出水合计约有 3 050 m^3/h 需要进入矿井水处理站处理,随着采掘面的推移和扩大,亭南煤矿矿井涌水有进一步增大的可能,最大矿井涌水量约为 4 041 m^3/h。因此,亭南煤矿应在生产过程中密切关注矿井涌水的变化,一旦接近矿井水处理站的负荷,及时对矿井水处理站进一步扩容。

2)矿井水处理站处理效果分析

2020 年 9 月对亭南煤矿矿井水处理站外排口废水监测表明,目前亭南煤矿矿井水处理站出水符合《煤炭工业污染物排放标准》(GB 20426—2006)和《黄河流域(陕西段)污水综合排放标准》(DB 61/224—2011)和《地表水水环境质量标准》(GB 3838—2002)Ⅲ类标准。

2018 年 6 月,对亭南煤矿矿井水处理站出水进行了连续 2 d 的取样监测,采用《地表水环境质量标准》(GB 3838—2002)对监测结果进行水质评价,结果表明,亭南煤矿矿井水处理站出水水质为劣Ⅴ,超标因子主要为高锰酸盐指数、COD、氟化物。

取样监测结果对比分析表明,目前亭南煤矿矿井水处理站处理效果不甚理想,随着工作面的交替和推移,不排除水质变差的情况,因此亭南煤矿对矿井水处理站进行提标改造是十分必要的。新建矿井水处理扩容工程根据亭南煤矿矿井水水质设置了降低悬浮物、除 COD、除氟、除氨氮等针对性工艺,能够确保废水达标排放。亭南煤矿应加强矿井水处理站的运营管理,使外排水稳定达标。

2. 生活污水处理方案及达标情况

亭南煤矿生活污水处理站暂未使用。目前,矿上生活污水排入亭口镇污水处理厂处理达标后,排入黑河。亭口镇污水处理厂入河排污口位于煤矿入河排污口上游约 580 m,地理坐标:北纬 35°05′55″,东经 107°56′26″。

亭南煤矿生活污水处理站处理规模为 100 m^3/h,主要处理工艺为曝气生物流化床(A2BFT)。处理后出水水质:pH 值为 6~9,COD≤30 mg/L,SS ≤10 mg/L,氨氮≤5 mg/L,达到《城镇污水处理厂污染物排放标准》(GB 18918—2002)。

8.1.3.2　煤泥水处理方案

选煤厂分选系统排出的煤泥水进入浓缩机的入料池,浓缩机溢流进入循环水池,并由循环水泵加压进入生产洗水系统,浓缩机底流进入加压过滤机。煤泥水闭路循环,不外排。

8.2　入河排污口设置方案

8.2.1　入河排污口改建设置方案

8.2.1.1　现有入河排污口情况

亭南煤矿矿井水经处理后在矿内经全封闭式渠道输送至厂区西门东围墙处，在围墙外有亭南村方向污水、雨水汇入（见图 8-4），混合后经渠道向东穿过 312 国道后经入河排污口排入黑河（见图 8-5）。现状工业排污口坐标：东经 107°56′52″，北纬 35°05′47″。

图 8-4　亭南煤矿污水与亭南村污水交汇实景图

8.2.1.2　入河排污口的改建

2019 年 7 月，亭南煤矿按照《长武县审批服务局关于陕西长武亭南煤业有限责任公司入河排污口设置申请的批复》（长审批发〔2018〕

(a)亭南煤矿入河排污口

(b)排污口下游

图 8-5　亭南煤矿现状退水实景图

47 号)要求对矿井水处理站进行提标改造,新建 3 500 m^3/h 矿井水处理站,新建矿井水处理站选址距离原排污口较远,考虑到入河废水不被二次污染等因素,拟对已批复的现状排污口进行改建。

亭南煤矿改建后的入河排污口与原排污口河道距离约 380 m,距黑河入泾河口仅 1 180 m,且排污口以下河段无其他排污口及取水口,周边为农田及滩区,不具备取水条件,矿井水经矿井水处理站处理后达《地表水环境质量标准》(GB 3838—2002)Ⅲ类标准,一部分回用,剩余部分经改建排污口外排入黑河,中途再无二次污染问题,拟改建入河排污口地理坐标:E107°56′35″,N35°05′56″(见图 8-6)。

8.2.2　纳污河段概况

亭南煤矿入河排污口位于黄河流域水功能区划一级水功能区——黑河长武开发利用区,所处二级水功能区为黑河长武工业、农业用水区。黑河入流泾河所处一级水功能区——泾河陕西开发利用区,所处二级水功能区为泾河彬县工业、农业用水区(其上一、二级水功能区为泾河甘陕缓冲区,下一、二级水功能区为泾河彬县排污控制区)(见表 8-2)。

8.2.2.1　水功能区管理要求

根据《黄河流域(片)重要江河湖泊水功能区纳污能力核定和分阶

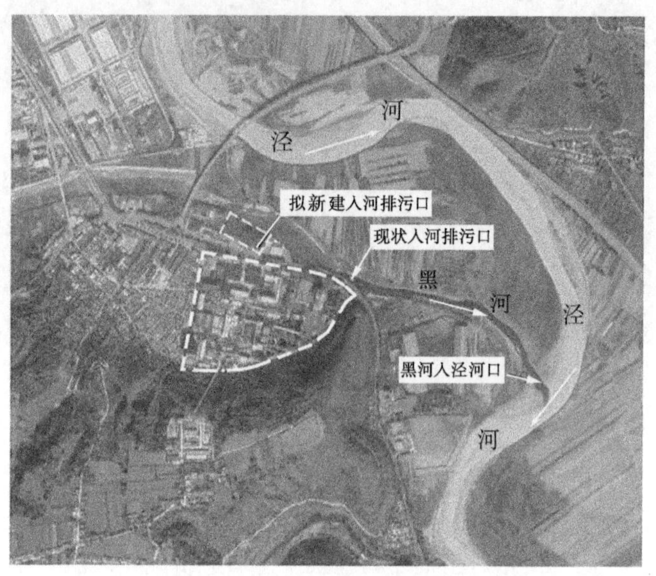

图 8-6 亭南煤矿入河排污口示意图

段限制排污总量控制方案》,黑河长武工业、农业用水区的 COD 和氨氮现状纳污能力分别为46.72 t/a、3.4 t/a,限制排污总量分别为22.15 t/a、2.6 t/a;黑河入泾口所在水功能区泾河彬县工业、农业用水区的 COD 和氨氮现状纳污能力分别为2 070.6 t/a、133.4 t/a,限制排污总量分别为69.4 t/a、5.6 t/a(见表8-3)。

表 8-2 纳污河段水功能区划

河流	一级水功能区	二级水功能区	起始断面	终止断面	长度/km	水质目标
黑河	黑河长武开发利用区	黑河长武工业、农业用水区	达溪河口	入泾河口	14.2	Ⅲ
泾河	泾河陕西开发利用区	泾河彬县工业、农业用水区	胡家河村	彬县	36.0	Ⅲ

表 8-3　相关水功能区纳污能力

水功能区	水域纳污能力/(t/a)		限制排污总量/(t/a)	
	COD	氨氮	COD	氨氮
黑河长武工业、农业用水区	46.72	3.4	22.15	2.6
泾河甘陕缓冲区	0	0	0	0
泾河彬县工业、农业用水区	2 070.6	133.4	69.4	5.6
泾河彬县排污控制区	2 888.6	153.5	184.2	15.7

8.2.2.2　水功能区纳污现状

1. 黑河长武工业、农业用水区

黑河长武工业、农业用水区内有排污口 2 个，亭口镇污水处理厂入河排污口现状排放量约为 90 万 m^3/a，COD 和氨氮年均入河量分别为 12.15 t、0.49 t(按 2020 年 6~12 月在线监测平均值计算)；亭南煤矿入河排污口现状排放量约为 1 686.6 万 m^3/a，COD 和氨氮年均入河量分别为 282.01t、4.71 t(水量按现状水平衡数据，污染物浓度按 2020 年黄河水资源保护科学研究委托第三方监测的平均值)。黑河长武工业、农业用水区现状废污水入河量为 1 776.6 万 m^3/a，COD 和氨氮年均入河量分别为 282.01 t、4.71 t(见表 8-4)。

表 8-4　黑河长武工业、农业用水区废污水及主要污染物入河状况

入河排污口名称	入河污染物总量			环保部门许可排放总量	
	污水排放量/(万 m^3/a)	COD/(t/a)	氨氮/(t/a)	COD/(t/a)	氨氮/(t/a)
亭南煤矿入河排污口	1 686.6	269.86	4.22	287.49	13.432
亭口镇污水处理厂入河排污口	90	12.15	0.49	54.75	5.475
合计	1 776.6	282.01	4.71	—	—

黑河长武工业、农业用水区污染负荷评价成果见表 8-5，目前该水功能区主要污染物入河量超过水功能区纳污能力。

表 8-5　黑河长武工业、农业用水区污染负荷评价成果　　单位:t/a

水功能区	纳污能力		限排量		排污口入河量	
	COD	氨氮	COD	氨氮	COD	氨氮
黑河长武工业、农业用水区	46.72	3.4	22.15	2.6	282.01	4.22

2. 泾河彬县工业、农业用水区

根据 2018 年 12 月通过原黄河流域水资源保护局审查的《陕西彬长矿业集团有限公司水环境综合整治与废污水入河排放方案》,泾河彬县工业、农业用水区内的入河排污口有 22 个。

其中,下沟煤矿、中达火石嘴煤矿为在 2011 年之前已设置的入河排污口,胡家河煤矿和小庄煤矿入河排污口已获得有关部门批复,而大佛寺、孟村、文家坡煤矿为近期拟新设入河排污口。

统计结果(见表 8-6)表明,泾河彬县工业农业用水区现共有 22 个排污口,年废污水入河量为 2 972.0 万 m^3,COD 和氨氮年均入河量分别为 1 013.7 t、39.2 t。

表 8-6　水功能区内入河排污口主要污染物入河量统计结果

水功能区	入河排污口概况		废污水年入河量/(万 m^3/a)	主要污染物年入河量/(t/a)	
	数量	主要排污口名称		COD	氨氮
泾河彬县工业、农业用水区	22	孟村、大佛寺、文家坡、小庄、胡家河、下沟、中达火石嘴等煤矿排污口	2 972.0	1 013.7	39.2

根据本次调查监测结果,黑河主要污染物 COD 和氨氮的年输送量分别为 0 和 5.33 t,见表 8-7。

表 8-7　支流输污量统计表

水功能区名称	支流名称	平均流量/(m^3/s)	输污量	
			COD/(t/a)	氨氮/(t/a)
泾河彬县工业、农业用水区	黑河	1.33	0	5.33

注:因亭口水库下闸蓄水,下泄流量较小,黑河入泾量主要为亭南煤矿与亭口镇污水处理厂外排水与亭口水库建成后平均下泄流量 0.77 m^3/s,取三者水量的总和。

对泾河彬县工业、农业用水区的纳污量进行统计,黑河入泾河水质 COD 达标、氨氮超标 1.3 倍,将其作为泾河干流的污染源纳入统计。统计结果见表 8-8。

表 8-8　泾河彬县工业、农业用水区污染负荷评价　单位:t/a

水功能区	纳污能力		限排量		排污口入河量		黑河(超载量)		总纳污量	
	COD	氨氮	COD	氨氮	COD	氨氮	COD	氨氮	COD	氨氮
泾河彬县工业、农业用水区	2 070.6	133.4	69.4	5.6	1 013.7	39.2	0	5.33	1 013.7	44.53

3. 水功能区水质达标评价

2020 年 9 月 8 日,黄河水资源保护科学研究院委托陕西博润检测服务有限公司对亭南煤矿上游 200 m、黑河入泾河口黑河上游 100 m 以及泾河上游 100 m 设置 3 个监测断面进行了取样分析(见表 8-9)。

检测结果表明,亭南煤矿上游来水及黑河入泾河口泾河上游来水中除总氮外各项指标外均符合《地表水环境质量标准》(GB 3838—2002)中Ⅲ类及以上标准限值要求,黑河入泾河口黑河上游来水中除氨氮外各项指标外均符合《地表水环境质量标准》(GB 3838—2002)中Ⅲ类及以上标准限值要求。黑河入泾河口泾河上游来水符合《地表水环境质量标准》(GB 3838—2002)中Ⅱ类及以上标准限值要求(见表 8-10)。

表 8-9　泾河彬县工业、农业用水区，黑河长武工业、农业用水区水质监测结果

检测项目	检测结果			标准限值	单位
	亭南煤矿排污口上游 200 m	黑河入泾河口黑河上游 100 m	黑河入泾河口泾河上游 100 m		
pH 值	8. 32	7. 54	7. 41	6~9	无量纲
溶解氧	6. 6	6. 8	6. 4	≥5	mg/L
高锰酸盐指数	2. 52	2. 64	1. 82	≤6	mg/L
化学需氧量	10	11	6	≤20	mg/L
五日生化需氧量	2. 6	2. 9	1. 6	≤4	mg/L
氨氮	0. 107	1. 30	0. 175	≤1. 0	mg/L
总磷	ND	0. 02	0. 05	≤0. 2	mg/L
总氮	2. 86	3. 11	3. 56	≤1. 0	mg/L
铜	ND	ND	ND	≤1. 0	mg/L
锌	ND	ND	ND	≤1. 0	mg/L
氟化物	0. 08	0. 33	0. 09	≤1. 0	mg/L
硒	ND	ND	ND	≤0. 01	mg/L
砷	ND	ND	ND	≤0. 05	mg/L
汞	ND	ND	ND	≤0. 000 1	mg/L
镉	ND	ND	ND	≤0. 005	mg/L
六价铬	ND	ND	ND	≤0. 05	mg/L
铅	ND	ND	ND	≤0. 05	mg/L
氰化物	ND	ND	ND	≤0. 2	mg/L
挥发酚	ND	ND	ND	≤0. 005	mg/L
石油类	0. 02	0. 03	0. 02	≤0. 05	mg/L
阴离子表面活性剂	ND	ND	ND	≤0. 2	mg/L
硫化物	ND	ND	ND	≤0. 2	mg/L
粪大肠菌群	940	1 200	790	10 000	MPN/L

表 8-10　泾河彬县工业、农业用水区，黑河长武工业、农业用水区水质评价结果

检测项目	评价结果		
	亭南煤矿排污口上游 200 m	黑河入泾河口黑河上游 100 m	黑河入泾河口泾河上游 100 m
pH 值	—	—	—
溶解氧	Ⅱ	Ⅱ	Ⅱ
高锰酸盐指数	Ⅱ	Ⅱ	Ⅰ
化学需氧量	Ⅰ	Ⅰ	Ⅰ
五日生化需氧量	Ⅰ	Ⅰ	Ⅰ
氨氮	Ⅰ	Ⅳ	Ⅱ
总磷	Ⅰ	Ⅰ	Ⅱ
总氮	—	—	—
铜	Ⅰ	Ⅰ	Ⅰ
锌	Ⅰ	Ⅰ	Ⅰ
氟化物	Ⅰ	Ⅰ	Ⅰ
硒	Ⅰ	Ⅰ	Ⅰ
砷	Ⅰ	Ⅰ	Ⅰ
汞	Ⅰ	Ⅰ	Ⅰ
镉	Ⅰ	Ⅰ	Ⅰ
六价铬	Ⅰ	Ⅰ	Ⅰ
铅	Ⅰ	Ⅰ	Ⅰ
氰化物	Ⅰ	Ⅰ	Ⅰ
挥发酚	Ⅰ	Ⅰ	Ⅰ
石油类	Ⅰ	Ⅰ	Ⅰ
阴离子表面活性剂	Ⅰ	Ⅰ	Ⅰ
硫化物	Ⅰ	Ⅰ	Ⅰ
粪大肠菌群	Ⅱ	Ⅱ	Ⅱ
硫酸盐(以 SO_4^{2-} 计)	合格	合格	合格
氯化物(以 Cl^- 计)	合格	合格	合格
硝酸盐	合格	合格	合格
铁	合格	合格	合格
锰	合格	合格	合格

根据《黄河流域地表水质量状况通报》,黑河长武工业、农业用水区 2020 年 2 月、4 月、6 月、8 月水质为Ⅱ~Ⅲ类,水质评价为达标(见表 8-11)。

表 8-11　2020 年 2 月、4 月、6 月、7 月黑河长武工业、农业用水区水质评价结果

河流	水功能区名称	监测断面	水质目标	监测水质类别			
				2 月	4 月	6 月	8 月
黑河	黑河长武工业、农业用水区	张河桥	Ⅲ	Ⅲ	Ⅱ	Ⅲ	Ⅱ

8.2.3　入河排污口设置合理性分析

8.2.3.1　入河排污口设置的必要性

亭南煤矿扩能后(500 万 t)的环评正在上报中。根据《陕西省环境保护厅关于陕西长武亭南煤业有限责任公司亭南煤矿 300 万 t/a 环境影响(后评价)报告书的批复》(陕环批复〔2009〕52 号)以及《陕西省环境保护厅关于陕西长武亭南煤业有限责任公司(300 万 t/a)技改项目竣工环境保护验收的批复》(陕环批复〔2010〕81 号),亭南煤矿生活污水经处理后全部回用,矿井水经处理后部分回用,其余部分排入黑河。工业场地总排口各污染因子均符合《煤炭工业污染物排放标准》(GB 20426—2006)表 1 和表 2 中新改扩建污染物排放限制要求。2018 年 12 月取得《长武县审批服务局关于陕西长武亭南煤业有限责任公司入河排污口设置申请的批复》(长审批发〔2018〕47 号):同意亭南煤矿位于黑河长武工业、农业用水区右岸的现有入河排污口作为入河排污口,地理坐标为 E107°56′52″、N35°05′47″;入河排污口年排放总量不大于 2 042.8 万 m^3/a;生活污水按专家评审意见接入亭口镇生活污水处理系统统一处理;尽快制定矿井水处理站扩容及技改方案,加快矿井水处理站运行管理,确保出水稳定达标排放;原有排污口必须改建独立的排水管线,确保排水水质满足《地表水环境质量标准》(GB 3838—2002)Ⅲ类标准。

亭南煤矿现状退水情况与原入河排污口设置论证批复意见基本一

致，现有生活污水处理后外排至亭口镇污水处理厂；矿井排水处理后部分用于自身生产，部分排入黑河。

2019 年 7 月，亭南煤矿按照入河排污口论证批复要求对矿井水处理站进行提标改造，新建 3 500 m^3/h 矿井水处理站。由于征地因素，新建矿井水处理站选址距离原排污口较远，考虑到入河废水不被二次污染等因素，拟对已批复的现状排污口进行迁建；同时亭南煤矿在 2019~2020 年的生产过程中，矿井涌水不断增大，2020 年 10 月平均涌水量已超过原批复正常涌水量；按照《取水许可管理办法》（水利部令第 34 号）第二十八条以及《入河排污口监督管理办法》第二条规定，亭南煤矿排污口位置及排污规模变更需要重新办理取水许可申请和入河排污口设置申请手续。

现状亭南煤矿各系统取新水量为 56 759 m^3/d，其中，水源井地下水 828 m^3/d，矿井涌水 55 931 m^3/d。亭南煤矿外排黑河水量采暖期 51 329 m^3/d，非采暖期 50 837 m^3/d。节水潜力分析后，全年总用水量 206.0 万 m^3/a（地下水 30.2 万 m^3/a、矿井涌水 149.1 万 m^3/a、矿井水处理损失 26.7 万 m^3/a）。其中，生活取水量 37.7 万 m^3/a（地下水 30.2 万 m^3/a、矿井涌水 7.5 万 m^3/a），生产取水量 168.3 万 m^3/a（全部为矿井涌水）。亭南煤矿原煤生产水耗为 0.095 m^3/t，选煤生产水耗为 0.089 m^3/t，亭南煤矿矿井涌水做到最大化回用。经分析计算，正常工况下，矿井涌水处理达标后有 2 496.0 万 m^3/a 外排入河；最大矿井涌水工况下有 3 355.4 万 m^3/a 处理达标后的矿井涌水外排入河。

目前，亭南煤矿多余矿井水尚无其他利用途径，需外排，在黑河设置入河排污口是符合现状的。亭南煤矿及地方管理部门应积极寻求矿井水利用途径，该区域新建工业企业应优先利用矿井水，已建企业应根据地方污染治理规划及水资源配置规划要求，生产用水水源优先使用矿井水。

8.2.3.2　入河排污口设置的可行性分析

对照《入河排污口监督管理办法》（水利部第 22 号令）第十四条规定，就亭南煤矿入河排污可行性进行整体分析。经分析，亭南煤矿多余矿井涌水经处理达到《地表水环境质量标准》（GB 3838—2002）Ⅲ类水质要求后排入黑河,符合《入河排污口监督管理办法》,入河排污是可行的。分析情况如表 8-12 所示。

表 8-12 亭南煤矿入河排污可行性分析

序号	《入河排污口监督管理办法》(水利部第22号令)关于7种不予同意入河排污口的情形	亭南煤矿情况	是否可行
1	在饮用水水源保护区内设置入河排污口的	入河排污口不在饮用水水源地保护区内,且井田区域与周边地下水源地不重合	可行
2	在省级以上人民政府要求削减排污总量的水域设置入河排污口的	入河排污口所处黑河段未提出排污总量控制要求,按陕西省有关规定,矿井水外排主要水污染物应当达到水功能区划要求的地表水环境质量标准,外排废水按地表Ⅲ类水质执行符合要求	可行
3	入河排污口设置可能使水域水质达不到水功能区要求的	入河排污口所处黑河河段以及下游泾河水功能区水质目标均为Ⅲ类,多余矿井涌水经处理达到《地表水环境质量标准》Ⅲ类水质要求后入河,对水功能区水质有稀释和改善作用	可行
4	入河排污口设置直接影响合法取水户用水安全的	入河排污口所处黑河河段主要为工业、农业用水。排水水质符合本河段及下游水功能区水质目标,入河排污不会对黑河及泾河农业用水户及下游其他用水户取水安全造成影响。	可行
5	入河排污口设置不符合防洪要求的	入河排污口按洪评要求设计,不会对黑河行洪造成影响	可行
6	不符合法律、法规和国家产业政策规定的	符合国家产业政策、水资源管理要求,用水水平符合清洁生产标准	可行
7	其他不符合国务院水行政主管部门规定条件的	无	可行

现状黑河长武工业、农业用水区主要污染物入河量已超过其水域纳污能力以及限排总量。其中,亭南煤矿排污占现状 COD 入河量的 95%,占现状氨氮入河量的约 90%。黑河长武工业、农业用水区水质目标为Ⅲ类,而目前黑河长武工业、农业用水区水质为Ⅳ类。2020 年 9 月 8 日、9 日的监测时段内,对亭南煤矿现状矿井水处理站出水进行取样监测,显示 6 次取样 COD 平均浓度约为 16 mg/L,氨氮平均浓度约为 0.25 mg/L,均优于《地表水环境质量标准》(GB 3838—2002)Ⅲ类水质

标准限值，其他指标也符合《地表水环境质量标准》（GB 3838—2002）Ⅲ类标准；亭口镇污水处理厂 COD 和氨氮指标亦均优于地表水Ⅲ类标准限值，推测超标原因是长武县黑河沿岸生活废污水散排入河。

黑河长武工业、农业用水区（亭口水库至黑河入泾河口河段）现状入河量虽超出水功能区纳污能力，但亭南煤矿处于亭口水库下游，亭口水库下闸蓄水导致下游河道径流改变。根据陕西咸阳亭口水库水资源论证批复及亭口水库环评要求，亭口水库下泄流量应不小于 0.77 m^3/s，以满足下游河道最小生态基流的要求，因此亭口水库运行后黑河入泾河平均流量由原来的 8.28 m^3/s 减小为 0.77 m^3/s，而经合理性分析后，正常工况下亭南煤矿处理达标入河水量约为 0.8 m^3/s，在此情况下探讨河流水功能区纳污能力及水体自净能力是无意义的。

陕西省第十三届人民代表大会常务委员会第十三次会议修订通过了《陕西省煤炭石油天然气开发生态环境保护条例》，其中第二十六条对煤炭开采矿井水外排进行了规定，要求："未经处理的矿井水不得外排，确需外排的，应当依法设置排污口，主要水污染物应当达到水功能区划要求的地表水环境质量标准"。亭南煤矿矿井水经处理回用后，多余矿井水经矿井水处理站处理后达到或优于《地表水环境质量标准》（GB 3838—2002）Ⅲ类标准排放，符合黑河长武工业、农业用水区水质目标；根据亭南煤矿入河废水对下游水质影响分析，亭南煤矿矿井水经处理达到或优于《地表水环境质量标准》（GB 3838—2002）Ⅲ类水质后入河对黑河下游及泾河彬县工业、农业用水区的水质有一定稀释和改善作用。因此，研究认为亭南煤矿多余矿井水经矿井水处理站处理后达到或优于《地表水环境质量标准》（GB 3838—2002）Ⅲ类标准排放入河符合目前的环境保护要求。

按《地表水环境质量标准》（GB 3838—2002）Ⅲ类标准中 COD 和氨氮标准值上限计，正常工况下经处理达标后污水入河量 2 496 万 m^3/a，COD 入河量 499.2 t/a，氨氮 24.96 t/a；最大矿井涌水工况下，亭南煤矿处理达标后污水最大入河量 3 355.4 万 m^3/a，COD 入河量 671.08 t/a，氨氮 33.55 t/a。

8.2.3.3 入河排污口位置合理性

目前,亭南煤矿入河排污口位于亭口水库坝下 2.9 km 处,上游 600 m 为亭口镇污水处理厂排污口;亭南煤矿入河排污口下距黑河入泾河口 800 m。符合《长武县审批服务局关于陕西长武亭南煤业有限责任公司取水许可申请的批复》(长审批发〔2018〕46 号)以及《长武县审批服务局关于陕西长武亭南煤业有限责任公司入河排污口设置申请的批复》(长审批发〔2018〕47 号)的要求。

亭南煤矿改建后的排污口在原排污口的位置上移 380 m(河道距离),依旧为黑河右岸,亭口镇污水处理厂排污口以下约 220 m(河道距离),拟建入河排污口地理坐标为东经 107°56′35″,北纬 35°05′56″。黑河长武工业、农业用水区排污口相对距离见表 8-13。

表 8-13　黑河长武工业、农业用水区排污口相对距离

位置	亭口水库坝下	亭口镇污水处理厂排污口	亭南煤矿改建排污口	亭南煤矿现状排污口	黑河入泾河口
距离/m	0	2 300	2 520	2 900	3 700

亭南煤矿改建后的入河排污口与原排污口河道距离约 380 m,距黑河入泾河口仅 1 180 m,且排污口以下河段无其他排污口及取水口,周边为农田及滩区,不具备取水条件,矿井水经矿井水处理站处理后达《地表水环境质量标准》(GB 3838—2002)Ⅲ类标准,一部分回用,剩余部分经改建排污口,中途再无二次污染问题,研究认为排污口位置基本合理。

亭南煤矿拟改建入河排污口所处黑河长武工业、农业用水区及下游泾河彬县工业、农业用水区水质目标均为Ⅲ类。经现场调研,亭南煤矿拟改建排污口至黑河入泾河口无取水口,泾河彬县工业、农业用水区有取水口 1 个主要为工业取水口,无重大敏感制约因素。

据入河排污口设置影响分析可知,正常工况下亭南煤矿多余矿井涌水处理达到地表水Ⅲ类标准后外排入黑河长武工业、农业用水区,不会对黑河长武工业、农业用水区水质带来不利影响,对黑河入泾口以下泾河彬县工业、农业用水区水质有一定稀释作用,对下游水生态、地下

水、第三方取用水等亦不会造成显著影响。

综上所述,亭南煤矿拟改建入河排污口位置基本合理。

8.3 入河排污对水功能区的影响

通过对亭南煤矿正常工况、检修工况以及事故工况的入河情景模拟分析,得出如下结论:

(1)按亭口水库运行后最小下泄流量、来水达标条件下,考虑到亭口镇污水处理厂排污口现状运行的情况下,亭南煤矿正常工况、检修工况下按《地表水环境质量标准》(GB 3838—2002)Ⅲ类标准外排废水,黑河长武工业、农业用水区下断面黑河入泾口断面水质均能达到水质目标。

(2)泾河上游来水达标、下游排污口现状排放的条件下,亭南煤矿正常工况、检修工况下按《地表水环境质量标准》(GB 3838—2002)Ⅲ类标准外排废水,对下游河段水质起到一定的稀释作用,泾河彬县工业、农业用水区下断面彬县断面水质均能达到水质目标。

(3)按亭口水库运行后最小下泄流量、来水达标条件下,考虑到亭口镇污水处理厂排污口现状运行的情况下,亭南煤矿事故工况下外排废水导致黑河长武工业、农业用水区下断面黑河入泾口断面水质不能达到水质目标。

泾河上游来水达标、下游排污口现状排放的条件下,亭南煤矿事故工况下外排废水,导致下游河段局部水质不能达标,但不影响泾河彬县工业、农业用水区下断面彬县断面水质达标。

8.4 入河排污对水生态的影响

泾河流域位于黄土高原地区,是黄河流域水土流失最为严重的地区之一,水土流失面积 3.95 万 km^2,占泾河流域总面积的 87.0%。受泾河流域地理、气候、水沙条件、人类活动等因素的影响,泾河流域水生态系统简单而脆弱,水生生物资源较为贫乏。

通过计算亭南煤矿废污水入河后对下游河段全盐量的影响,得出以下结论:在泾河上游90%保证率最枯月平均来水流量和多年平均流量条件下,亭南煤矿污水入河后,泾河全盐量指标均有不同程度的升高,升高比例分别为8%和3%,影响较小。因此,可以认为亭南煤矿废水达标入河对泾河的水生态影响在可接受范围内。

8.5 入河排污对地下水的影响分析

亭南煤矿通过管道将污水排入黑河,从其排污水质情况来看,正常情况下不会对沿途的地下水造成污染。

根据前述入河排污口设置对水功能区水质的影响分析可知,亭南煤矿正常工况下排污对地表水水质产生的影响较小,因此一般不会对河道地下水水质产生显著影响。

8.6 入河排污对其他用水户的影响

8.6.1 主要第三方机构概况

8.6.1.1 陕西泾河湿地

陕西泾河湿地,于2008年8月被陕西省人民政府列入《陕西省重要湿地名录》(陕政发〔2008〕34号)。湿地范围从长武县芋园乡至高陵县耿镇沿泾河至泾河与渭河交汇处,基本为泾河陕西全段,包括泾河河道、河滩、泛洪区及河道两岸1 km范围内的人工湿地。《陕西省湿地保护条例》要求,禁止向天然湿地范围内排放超标污水、采砂、采石、采矿等其他破坏天然湿地的活动。

8.6.1.2 东庄水库

泾河东庄水库工程系大(1)型工程,是陕西省实施西部大开发战略、加快关中经济区发展的重大水利项目,是国务院批复的《黄河流域防洪规划》和《渭河流域重点治理规划》的重要防洪骨干工程。坝址位于泾河干流最后一个峡谷段出口(张家山水文站)以上29 km,距西安市 100 km，下距泾惠渠张家山渠首 20 km，最大回水长度 96. 67 km，水库库尾在彬县景村水文站，距离泾河彬县工业、农业用水区彬县断面不到 10 km。其开发目标为“以防洪、减淤为主，兼顾供水、发电及生态环境”。

工程建成后，将极大地提高泾、渭河下游的防洪能力，同时为黄河防洪发挥重要作用；将减少渭河下游及三门峡库区的泥沙淤积，降低潼关高程，增大河道平槽流量；可作为陕西关中地区工农业生产和城乡生活的重要水源。多年平均供水量 5. 31 亿 m^3，其中供给泾惠渠灌区水量 3. 187 亿 m^3，供给铜川新区、富平县城及工业园区、西咸新区及三原县城城镇生活和工业水量 2. 13 亿 m^3，供水保证率可达到 95%；可使泾河、渭河下游水环境和水质得到较大的改善。

目前，东庄水库尚处于项目前期工作阶段。其环评报告已经通过环保部组织的技术审查。

8. 6. 2　对第三方影响分析

8. 6. 2. 1　对陕西泾河湿地的影响分析

陕西泾河湿地四至界限范围为从长武县芋园乡至高陵县耿镇沿泾河至泾河与渭河交汇处，包括泾河河道、河滩、泛洪区及河道两岸 1 km 范围内的人工湿地。按照《陕西省湿地保护条例》，禁止向天然湿地范围内排放超标污水、采砂、采石、采矿等其他破坏天然湿地的活动。

亭南煤矿入河排污口位于陕西泾河湿地范围内，根据入河排污影响模型分析结果可知，亭南煤矿在正常工况下排污（按照地表水Ⅲ类标准达标排放）对泾河水质的影响较小，一般不会对湿地造成显著影响。亭南煤矿应加强污水处理站的管理，确保废水稳定达标排放。

8. 6. 2. 2　对泾河东庄水库水质影响分析

泾河东庄水利枢纽工程坝址位于泾河干流最后一个峡谷段出口（张家山水文站）以上 29 km，最大回水长度 96. 67 km，东庄水库库尾在彬县景村水文站，距离泾河彬县工业、农业用水区彬县断面不足 10 km。

依据《陕西泾河东庄水库水利枢纽工程环境影响报告》评价结论，

在泾河陕西段河道水质满足水功能区水质要求(地表水Ⅲ类水)的前提下,东庄水库在蓄水后库区坝前水体水质总体良好,水质指标均可满足《地表水环境质量标准》(GB 3838—2002)Ⅲ类水质标准要求。库区蓄水后在落实《泾河流域陕西段水污染防治规划》污染治理措施条件下,水质能够满足水功能区标准要求。

根据亭南煤矿排污口排污入河量影响预测结果,结合《陕西泾河东庄水库水利枢纽工程环境影响报告》评价结论,分析亭南煤矿排污口排污对东庄水库水质的影响。

(1)水功能区现状水质条件下,亭南煤矿外排污水按达到或优于地表水Ⅲ类水质标准进行控制,泾河彬县工业、农业水功能区能满足Ⅲ类水质标准,从而保障东庄水库水质。

(2)在泾河多年平均流量条件下,亭南煤矿正常入河排污后泾河全盐量有一定程度的升高,但影响程度的较小,不会对未来东庄供水水质造成显著影响。

8.6.2.3 对其他取用水户的影响分析

根据调查,亭南煤矿入河排污口所处泾河彬县工业、农业用水区河段内分布的地表水取水口仅有1个,为大唐彬长发电有限责任公司(一期)取水口,位于泾河干流鸭儿沟入泾河处下游55 m右岸,批准年取水量308万m^3,取水用途为工业、生活。该取水口位于亭南煤矿入河排污口的上游。

其他当地取水以地下水为主,包括村镇居民生活用水自备井、煤矿矿井涌水经处理后用于生产、生活等。还有一些分布在泾河支流、支沟上的地表水取水口,作为工业用水和生活用水自备水源。

亭南煤矿在正常工况下按照地表水Ⅲ类水质排污,符合水功能区水质目标要求,对泾河水质的影响较小,不会对其他取用水户的用水水质造成显著影响。

8.7 小 结

(1)按照“分质处理、分质回用”,最大化回用矿井涌水的原则,亭南煤矿生活污水经污水管道收集送至生活污水处理站，处理后全部作为选煤厂和黄泥灌浆生产用水不外排；选煤厂洗煤产生的煤泥水采用浓缩机和加压过滤机处理后内部循环使用不外排；亭南煤矿矿井涌水及井下生产析出水经处理后，一部分回用自身生产，一部分经处理达标后排入河。

(2)黑河长武工业、农业用水区(亭口水库至黑河入泾河口河段)现状入河量虽超出水功能区纳污能力，但亭南煤矿处于亭口水库下游，亭口水库下闸蓄水导致下游河道径流改变，亭口水库至黑河入泾河口河段已失去原有的天然水体功能(亭口水库运行后黑河入泾河平均流量由原来的 8.28 m^3/s 变为 0.77 m^3/s)。同时根据亭南煤矿入河废水对下游水质影响分析，亭南煤矿矿井水经处理达到或优于《地表水环境质量标准》(GB 3838—2002)Ⅲ类水质后入河对黑河下游及泾河彬县工业、农业用水区的水质有一定稀释和改善作用。

陕西省第十三届人民代表大会常务委员会第十三次会议修订通过了《陕西省煤炭石油天然气开发生态环境保护条例》，其中第二十六条对煤炭开采矿井水外排进行了规定，要求“未经处理的矿井水不得外排，确需外排的，应当依法设置排污口，主要水污染物应当达到水功能区划要求的地表水环境质量标准”亭南煤矿矿井水经处理回用后，多余矿井水经矿井水处理站处理后达到或优于《地表水环境质量标准》(GB 3838—2002)Ⅲ类水质标准排放，符合黑河长武工业、农业用水区水质目标，也符合目前陕西的环保要求。

(3)按《地表水环境质量标准》(GB 3838—2002)Ⅲ类水质标准中 COD 和氨氮标准值上限计，正常工况下经处理达标后污水入河量 2 496 万 m^3/a，COD 入河量 499.2 t/a，氨氮 24.96 t/a；最大矿井涌水工况下，亭南煤矿处理达标后污水最大入河量 3 355.4 万 m^3/a，COD 入河量 671.08 t/a，氨氮入河量 33.55 t/a。

第 9 章　水资源节约、保护及管理措施

亭南煤矿为已建项目。本章在复核环保竣工验收批复中提出的水资源保护措施的落实情况基础上,结合亭南煤矿建设实际,针对性地提出水资源节约、保护及管理措施。

9.1　水资源保护措施落实情况

对照亭南煤矿环保竣工验收批复相关水资源保护措施要求,现场复核落实情况见表 9-1,相关图片见图 9-1。

表 9-1　水资源保护措施落实情况

序号	措施要求	亭南煤矿落实情况	是否落实
1	设置矿井水处理站,矿井水处理后部分回用,其余部分排入黑河	矿井水处理站设计规模 3 100 m^3/h,采用磁分离工艺,矿井水处理后一部分回用,剩余部分排入黑河	已落实
2	设置生活污水处理站,生活污水处理后全部回用	①生活污水至亭口镇污水处理厂处理后排入黑河。 ②原有的生活污水处理站已停运	未落实
3	在厂区总排口安装 COD 在线监测装置,并与咸阳市环保局联网	已安装,并联网	已落实
4	进一步规范矸石场建设,设置拦渣坝和排水沟,完善矸石场绿化措施	已设置拦渣坝和排水沟,矸石场绿化	已落实

续表 9-1

序号	措施要求	亭南煤矿落实情况	是否落实
5	落实生态恢复治理工作，对开采过程中出现的沉陷区及时开展生态治理	已制订生态环境治理方案，并设置地表岩移观测站	已落实
6	定期对煤场进场道路进行洒水	定期对储煤场进场道路洒水	已落实
7	加强矿区生态保护工作和环保设施的日常管理与维护，确保各项污染物长期稳定达标排放	矿井水处理站委托专业的公司进行管理和运行。根据本次检测报告，现状外排废污水均符合	已落实
8	工业场地总排口各污染因子均符合《煤炭工业污染物排放标准》（GB 20426—2006）表 1 和表 2 中新改扩建污染物排放限值要求，以及《陕西省黄河流域陕西段污水综合排放标准》一级标准、《地表水环境质量标准》（GB 3838—2002）表 1 要求		
9	对地下水位长期跟踪观测，以掌握水位变化情况	矿井设有地下水位长观孔，对地下水位进行长期观测	已落实
10	尽快制订矿井水处理站扩容及技改方案，加快矿井水处理站运行管理，确保出水稳定达标排放；原有排污口必须改建独立的排水管线，确保排水水质满足《地表水环境质量标准》（GB 3838—2002）Ⅲ类水质标准	亭南煤矿矿井水处理站扩容改造工程正在施工中，建成后水质将达到或优于《地表水环境质量标准》（GB 3838—2002）Ⅲ类水质标准	正在落实

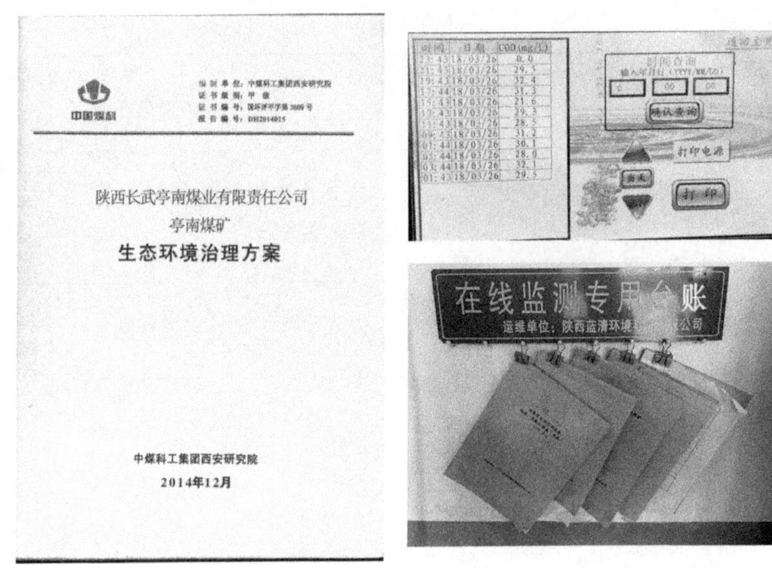

图 9-1 水资源保护措施落实情况相关图片

通过现场复核，亭南煤矿基本落实环保竣工验收及原水资源论证批复提出的水资源保护相关要求，在废污水回用、水务管理、水计量设施等方面有待加强。

9.2 水资源保护措施

为了水资源的高效利用和科学保护，应对水资源供给、使用、排放的全过程进行管理，将清洁生产贯穿于整个生产的全过程，既要做到节水减污从源头抓起，又要做好末端治理工作，确保水资源的高效利用。本次主要从工程措施、非工程措施两方面有针对性地提出建议。

9.2.1 工程措施

9.2.1.1 加强矿井水处理站扩容改造工程管理

2020 年 4 月，亭南煤矿在工业场地对面新建矿井水处理扩容工程，2021 年 10 月已完工运行。亭南煤矿矿井水处理扩容工程投入使用后，原矿井水处理站备用。建设规模 3 500 m^3/h，采用混凝反应、澄清、过滤及消毒工艺，经处理后的矿井水满足《地表水环境质量标准》(GB 3838—2002)Ⅲ类水质标准要求，一部分回用于亭南煤矿工业及生活，剩余部分外排至黑河。

主要工艺流程为：矿井水经井下中央泵房提升进入处理站辐流预沉池进行初步沉淀，然后上清液自流入预沉调节池，进行水量、水质调节，相对质量较大的煤泥颗粒得以在这两道工艺沉淀，出水进入提升泵房，投加 PAC、PAM、除氟辅助剂后由原水提升泵提升进入加速澄清池，经澄清处理后自流进入滤池过滤，出水投加氧化剂后进入氧化池脱氮，然后投加还原剂去除过量氧化剂，出水达标排放。辐流预沉池、预沉调节池排出的煤泥由污泥泵提升至深锥浓缩机浓缩处理，上清液溢流回调节池，浓缩后的煤泥压滤处理，泥饼外运销售(见图 9-2)。

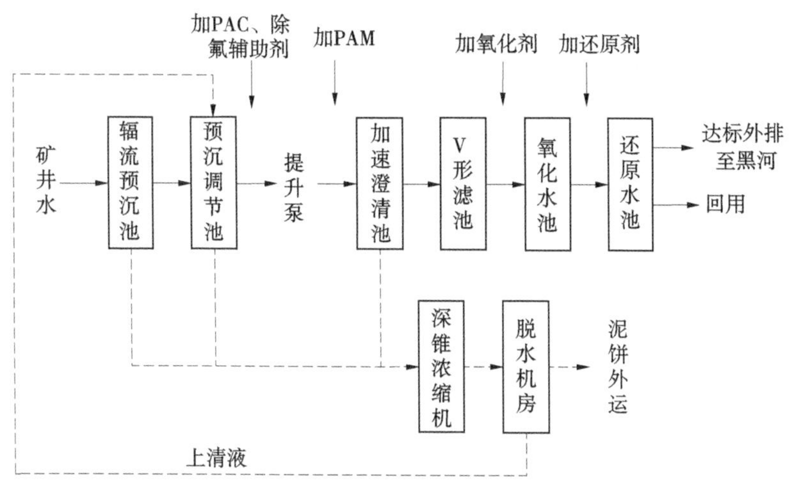

图 9-2　亭南煤矿矿井水处理扩容工艺流程

该工艺是目前煤矿处理矿井水中悬浮物比较成熟的净化处理工艺，能有效去除矿井水中的悬浮物和胶体，保证出水水质要求；辐流预沉池及预沉调节池容积合计 11 000 m^3，矿井水停留时间 3 h，这样大的调节容积不仅能使井下排水均质、均量，有效地承受井下泵房不定量排水产生的冲击负荷,保证处理设施正常运行,而且能起到很好的预沉作用,这样可以大大减少后续处理构筑物的冲击负荷和加药量,大幅降低运行成本,同时保证了后续处理构筑物的长期稳定运行;工艺流程中的加速澄清池,具有耐冲击负荷强、处理效果好、药剂投加少的特点,V 形滤池具有滤床深度高、纳污能力强、对进水悬浮要求适应性强、出水水质好的特点,因此出水达标排放有很强的保障性。亭南煤矿矿井水质不稳定,待矿井水处理站扩容改造工程建成运行后,应加强运行期间的监测和管理,确保出水稳定达标。

9.2.1.2 供退水工程水资源保护措施

为维持供、退水管网的正常运行,保证安全供水,防止管网渗漏,必须做好以下日常的管网养护管理工作:

(1)严格控制跑、冒、滴、漏损失,建立技术档案,做好检漏和修漏、水管清垢和腐蚀预防、管网事故抢修。

(2)防止供、退水管道的破坏,必须熟悉管线情况,各项设备的安装部位和性能、接管的具体位置。

(3)加强供、退水管网检修工作,一般每半年管网全面检查一次。

9.2.1.3 非正常工况下的水资源保护措施

完善的事故应急措施可以最大程度地保护水资源。非正常工况主要包括:①矿井涌水突然增大;②矿井涌水处理站故障;③煤泥水处理设施发生故障。

鉴于亭南煤矿已建成运行多年,因此研究以非正常工况下废污水就地处置、不进入外环境为原则,提出非正常工况下的事故应急措施:建设足够容量的事故缓冲池。目前,亭南煤矿井下建设有 9 个井下水仓,总规模为 29 230 m^3,地面设有 3 000 m^3 雨水收集池兼事故缓冲池。研究认为,目前井下水仓容积偏小,应以可容纳 1 d 的矿井涌水量为宜,建议扩大井下水仓容积。

9.2.1.4 临时排矸场的水资源保护措施

亭南煤矿矸石主要为井下排矸及地面洗选车间排矸。井下矸石主要为煤巷掘进矸石,原则不出井,全部充填废弃巷道。筛分矸石用汽车运至彬县电力有限责任公司作为燃料使用,利用不畅时,送至陆家沟矸石场处置。

根据亭南煤矿环评，矸石浸出液中有害元素浓度均在 GB 3838—2002 中Ⅲ类标准范围内，且满足综合排放一级标准。目前，亭南煤矿在矸石场修建了宽 1.2 m、长 99 m、高 4.5 m 的拦渣坝；导洪渠总长度 280 m，其中明渠 180 m、宽 1.6 m、深 1.02 m，并设有 3 个沉淀池，管道暗渠 100 m，有效地防止了矸石垮塌和淋雨污染地下水；并在矸石场进门处建立了洗车台，对进出车辆进行冲洗。

亭南煤矿应确保矸石能够综合利用，同时应加强排矸场内外排水工程的运行管理及维护，确保截水沟、排水沟管道等排水工程始终处于正常运行状态，防止矸石长期浸水后淋溶液对水环境和土壤产生不利影响。

9.2.2　非工程措施

9.2.2.1　**水务管理机构设置**

根据现场调研，目前亭南煤矿尚未建立完善的水资源管理制度，未设置专门的水务管理部门或者管理人员。建议设置水务管理部门，建立水资源管理制度，科学合理地对水资源进行开发和保护。水务管理制度建立主要应包含以下几点：

(1)制定行之有效的管理办法和标准，严格按设计要求的用水量进行控制，达到设计耗水指标，提高工程运行水平。

(2)每隔三年进行一次全厂水平衡分析及各水系统水质分析，找出薄弱环节和节水潜力，及时调整和改进节水方案，并建立分析档案以备审查。

(3)积极开展清洁生产审核工作，加强生产用水和非生产用水的计量与管理，不断研究开发新的节水、减污清洁生产技术，提高水的重复利用率。

(4)根据季节变化和设备启停与工况的变化情况，及时调整用水量，使工程能够安全运行。

(5)生产运行中及时掌握取水水源的可供水量和水质，以判定所取用的水量和水质能否达到设计标准和有关文件要求。

(6)加强生产、生活污水和矿井涌水处理设施的管理,确保设施正常运行,实现废污水最大化利用;建立排污资料档案,接受水行政主管部门的监督检查。按照规定报送上年度入河排污口的有关资料和报表。

(7)加大对职工的宣传教育力度,强化对水污染事件的防范意识和责任意识。严格值班制度和信息报送制度,遇到紧急情况时,保证政令畅通。

(8)制订出详细的污染事故应急预案。在污水处理系统出现问题或排水水质异常时,将不达标的污水妥善处置,严禁外排。在整个过程中应做好记录,并及时向当地水行政主管部门和环保部门报告。

9.2.2.2 水资源监测方案

经现场调查,亭南煤矿没有制订完整的水环境监测方案。研究根据亭南煤矿的实际情况制订了相应的水环境监测方案。

1. 用退水计量

为加强用退水管理,亭南煤矿应在主要用水系统及退水系统安装计量装置,监测各项目的取用水量,掌握取用水量及退水量。入河排污口计量监测和信息传输设备应符合《污染物在线监控(监测)系统数据传输标准》(HJ 212—2017)和《污染源在线自动监控(监测)数据采集传输仪技术要求》(HJ 477—2009)要求。

根据亭南煤矿矿井涌水中的特征污染物因子以及污染物总量控制要求,认为入河排污口计量监测和信息传输设备应按照表9-2安装。

表 9-2 亭南煤矿入河排污口计量监测和信息传输设备

<table>
<tr><th>序号</th><th>设备名称</th><th>取样间隔</th><th>安装位置</th></tr>
<tr><td>1</td><td>电磁流量计 1 台</td><td>连续</td><td rowspan="3">矿井涌水处理站出口</td></tr>
<tr><td>2</td><td>COD 在线检测仪 1 台</td><td>2 h 一次</td></tr>
<tr><td>3</td><td>氨氮在线检测仪 1 台</td><td>2 h 一次</td></tr>
<tr><td>4</td><td colspan="3">上述设备应可直接查询、打印,通信接口:RS232、USB</td></tr>
<tr><td>5</td><td colspan="3">预留视频采集传输接口</td></tr>
</table>

2. 水质监测

建议亭南煤矿设专员负责全矿水务管理，对矿井涌水及生产、生活污水的水量和水质等进行在线或定期监测，及时掌握各设备、各流程的运行情况。另外，还应委托有资质的水质监测机构对入河排污口水质按《地表水环境质量标准》(GB 3838—2002)24 项常规因子每月取样监测。水质监控内容见表 9-3。

表 9-3　水质监控内容

序号	采样点位置	监测性质	监测标准或项目	监测频次
1	井下水仓	水质、水量	pH 值、总硬度、氨氮、COD、氟化物、六价铬、砷、汞、铜、锌、铅、镉	每半年
2	矿井水处理站出水口	水质、水量	pH 值、SS、COD、氨氮、氟化物、总汞、总镉、总铬、六价铬、总砷、总铜、总锌、总锰	水量实时监测，水质每月一次
3	入河排污口	水质、水量	COD、氨氮	在线实时
4	井田周边地下水观测井	水位	—	丰平枯水期每季两次

9.2.2.3　突发水污染事件应急处理的完善

目前，亭南煤矿已建有《陕西长武亭南煤业有限责任公司突发环境事件应急预案》，并在陕西省环保厅应急办公室备案(备案编号 61000020140219)(见图 9-3)。

根据亭南煤矿应急预案及备案登记要求：应急预案应三年至少修订一次；每年应进行综合性应急处置演练一次，各相关部门每半年组织一次专项应急演练，以增强各级应急队伍的实战能力，同时通过实战演练不断完善预案，切实提升应急处理能力。

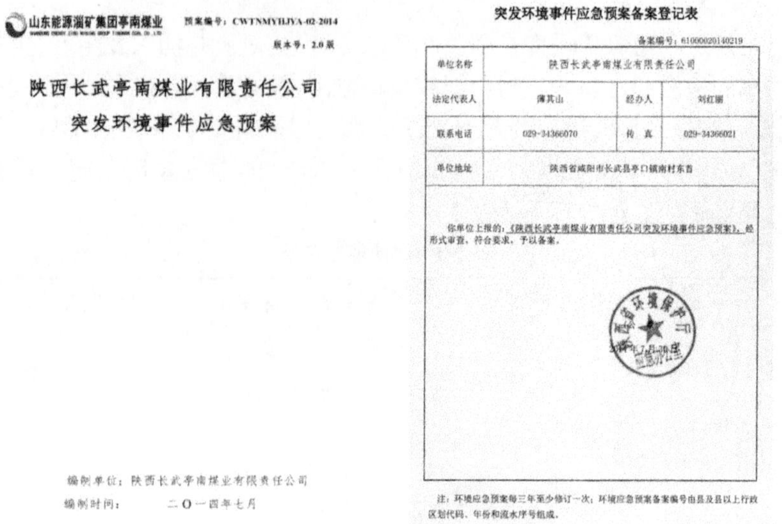

山东能源淄矿集团亭南煤业　　预案编号：CWTNMYIIJYA-02-2014

版本号：2.0版

陕西长武亭南煤业有限责任公司
突发环境事件应急预案

编制单位：陕西长武亭南煤业有限责任公司

编制时间：　　二〇一四年七月

突发环境事件应急预案备案登记表

备案编号：61000020140219

单位名称	陕西长武亭南煤业有限责任公司		
法定代表人	蒲其山	经办人	刘红丽
联系电话	029-34366070	传　真	029-34366021
单位地址	陕西省咸阳市长武县亭口镇南村东首		

你单位上报的：《陕西长武亭南煤业有限责任公司突发环境事件应急预案》，经形式审查，符合要求，予以备案。

注：环境应急预案每三年至少修订一次；环境应急预案备案编号由县及县以上行政区划代码、年份和流水序号组成。

图 9-3　亭南煤矿突发环境事件应急预案及备案登记表

9.2.2.4　加大宣传力度

建议亭南煤矿采取多种形式开展水资源保护教育，切实加大宣传力度，积极倡导清洁生产的企业文化，促进职工树立惜水意识；通过印刷资料和宣传海报等形式，开展水资源保护宣传工作，使得当地职工充分认识水资源保护工作的意义和重要性；编制节水用水规划，建立奖罚制度，大力推行节约用水，坚决破除生产过程中存在的水资源浪费现象。

9.3　水计量设施配备规定

9.3.1　相关规定

国家和陕西省针对水计量设施的相关规定见表 9-4。

表 9-4　国家和陕西省针对水计量设施的相关规定

名称	相关规定
《中华人民共和国水法》(2016 年 7 月修订)	第四十九条:用水应当计量,并按照批准的用水计划用水
《中华人民共和国计量法》(2015 年修订)	第八条:企业、事业单位根据需要,可以建立本单位使用的计量标准器具,其各项最高计量标准器具经有关人民政府计量行政部门主持考核合格后使用
《取水许可和水资源费征收管理条例》(国务院令第 460 号)	第四十三条规定:取水单位或者个人应当依照国家技术标准安装计量设施,保证计量设施正常运行,并按照规定填报取水统计报表
《取水许可管理办法》(水利部令第 34 号)	第四十二条规定:取水单位或者个人应当安装符合国家法律法规或者技术标准要求的计量设施,对取水量和退水量进行计量,并定期进行检定或者核准,保证计量设施正常使用和量值的准确、可靠
《陕西省水资源管理条例》(2006 年)	第二十四条:取水单位和个人应当依照国家技术标准安装计量设施,保证计量设施正常运行,按照要求提供有关取水统计资料,接受水行政主管部门的监督检查,按时、足额缴纳水资源费
《陕西省节约用水办法》(陕西省人民政府令第 91 号)	第十八条:用水户必须装置经法定计量检定机构首次强制检定合格的水流量计量设施(器具),未按规定安装水流量计量设施(器具)或者未及时更换已损坏的水流量计量设施(器具)的,按取水建筑物设计取水能力或者取水设备额定流量全时程运行计算水量

9.3.2　技术标准

现行的水计量设施配备通则(导则)要求主要有《用能单位能源计量器具配备和管理通则》(GB 17167—2006)、《取水计量技术导则》(GB/T 28714—2012)、《用水单位水计量器具配备和管理通则》(GB 24789—2009)等。

9.3.3　水计量器具的配备情况复核

为了解水计量管理和器具配备情况，对亭南煤矿地下水源井、生活和生产用水系统各用水环节、矿井水处理站等现有的水计量设施进行了查验，现场复核情况见图 9-4～图 9-8。

图 9-4　地下水源井水计量设施实景图

9.3.4　水计量器具配备符合性分析

9.3.4.1　水计量管理

为加强用水管理，亭南煤矿制定了《能源计量器具管理制度》《计量设备的检定制度》《计量原始数据管理制度》等管理制度，用排水台账由专人记录，并委托相关公司对水计量设施进行管理和维护。

9.3.4.2　水计量设施配备

经现场复核，亭南煤矿现状已安装计量水表共 11 块，全部为一级表，统计明细见表 9-5。

从表 9-5 可以看出，亭南煤矿主要用水系统水计量器具配备基本完备，次级用水单位未配备水计量器具，与《用水单位水计量器具配备和管理通则》(GB 24789—2009)的要求有一定差距。

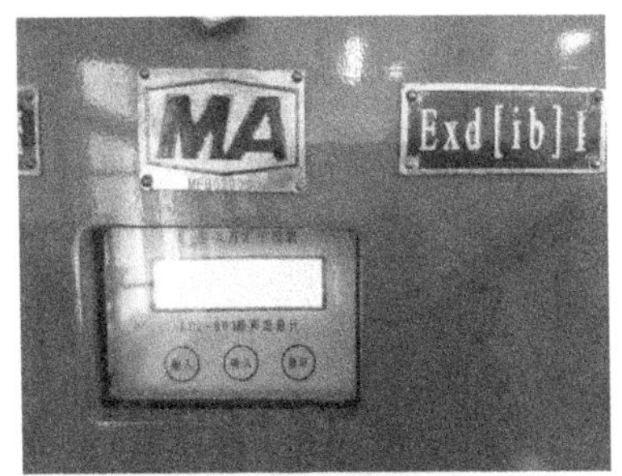

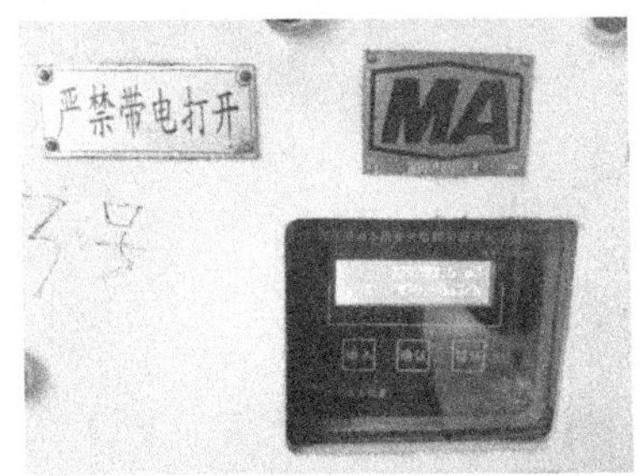

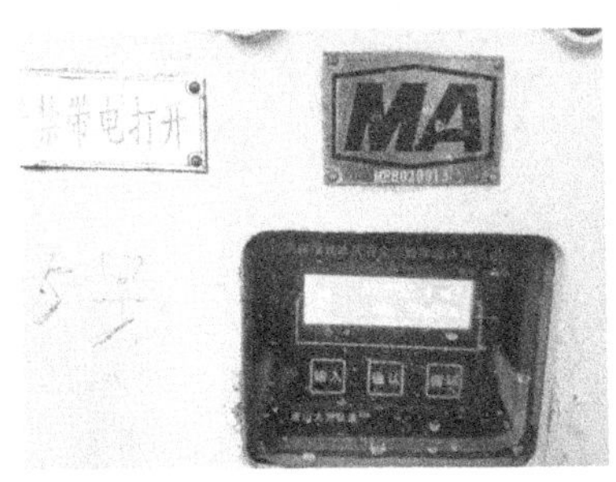

图 9-5　矿井水处理站车间水计量设施实景图

9.3.5　水计量器具配备存在问题及完善建议

9.3.5.1　存在问题

通过现场复核，亭南煤矿在水计量管理及水计量器具配备方面存在以下问题：

(1)亭南煤矿虽制定了相关的计量器具管理制度，但无针对水计量管理的实施细则。

图 9-6　选煤厂车间水计量设施实景图

图 9-7　生活污水至亭口镇污水处理厂水计量设施实景图

(2)除主要用水系统配备水计量器具外,其他均未达到《用水单位水计量器具配备和管理通则》(GB 24789—2009)的要求。

(3)次级用水单位(单元)未配备水计量器具。

图 9-8　亭南煤矿总排口水计量设施实景图

9.3.5.2　水计量器具配备完善建议

为严格水资源管理制度，提高用水效率，实现用水的科学管理，亭南煤矿应按照《用能单位能源计量器具配备和管理通则》(GB 17167—2006)、《取水计量技术导则》(GB/T 28714—2012)、《用水单位水计量器具配备和管理通则》(GB 24789—2009)等，完善水计量器具配备，建立水计量管理体系，具体建议如下：

(1)按现行的水计量器具相关通则(导则)要求，制定水计量器具管理制度，并严格实施。

(2)依据《企业水平衡分析通则》(GB/T 12452—2008)，定期开展水平衡分析，排查各用水环节存在的不合理现象并进行修正，以确保各部门用水在用水指标之内。

(3)按相关的水计量设施配备要求，完善各用水、排水系统(单元)水计量器具，并对水计量数据进行系统采集及管理。

亭南煤矿原则性水计量器具装配见表 9-6 和图 9-9。

表 9-5　亭南煤矿现状水计量设施统计明细

序号	水表安装地点	用途	型号	水表级数	数量
1	地下水源井	生活用水计量	LC 型齿轮流量计	一级	一级 1 块
2	地面矿井水 处理站 车间	矿井水计量	LCZ-805 超声流量计	一级	一级 6 块
		矿井水计量	LCZ-806 超声流量计	一级	
		矿井水计量	LCZ-807 超声流量计	一级	
		矿井水计量	LCZ-808 超声流量计	一级	
		矿井水计量	LCZ-809 超声流量计	一级	
		矿井水计量	LCZ-810 超声流量计	一级	
3	选煤厂	洗选用水计量	HQ-LUGB 涡街流量计	一级	一级 1 块
4	生活污水水池	生活污水计量	LCZ-803 超声流量计	一级	一级 2 块
		生活污水计量	LCZ-804 超声流量计	一级	
5	矿井水在线监测设备监控室	外排水水量计量	W1-1A1 型超声波明渠流量计	一级	一级 1 块

表 9-6　亭南煤矿原则性水计量器具配备

序号	位置	上级单元	下级单元	是否配备
1#	地下水源井出水口	地下水/清水池	生活用水系统	是
2#	浴室进水口	清水池	浴室用水	否
3#	洗衣房进水口		洗衣房用水	否
4#	招待所进水口		招待所用水	否
5#	办公楼进水口		办公楼用水	否
6#	职工宿舍进水口		职工宿舍用水	否
7#	净化站		食堂	否

续表 9-6

序号	位置	上级单元	下级单元	是否配备
8#	食堂进水口	净化站	食堂用水	否
9#	生活污水出水口	生活用水系统	亭口镇污水处理厂	是
10#	矿井水处理站进水口	井下排水	消防水池/总排口	是
11#	矿井水处理站出水口	矿井水处理	消防水池/生产系统	是
12#	黄泥灌浆进水口	消防水池	黄泥灌浆用水	否
13#	井下洒水进水口		井下洒水	否
14#	风井场地瓦斯抽采及发电进水口		瓦斯抽采及发电	否
15#	工业场地瓦斯抽采及发电进水口		瓦斯抽采及发电	否
16#	储煤厂防尘进水口		储煤厂用水	否
17#	选煤厂进水口		选煤厂用水系统	是
18#	道路洒水进水口		地面及道路洒水	否
19#	绿化洒水进水口		绿化用水	否
20#	生活系统用矿井水进水口		生活系统冲厕	否
21#	总排污口	矿井水处理站	入河	是

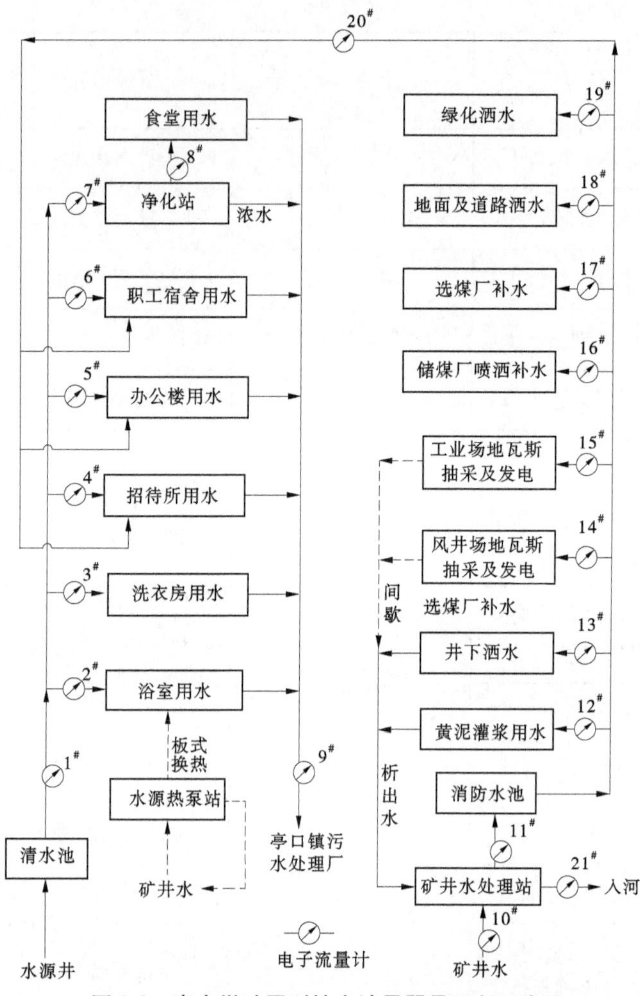

图 9-9　亭南煤矿原则性水计量器具配备示意图

第 10 章　研究结论与建议

10.1　结　论

10.1.1　取用水量及合理性

(1)亭南煤矿是陕西彬长矿区规划矿井之一,2006 年 10 月建成,原规模 0.45 Mt/a。建成后未生产就开展了 1.2 Mt/a 技术改造,2011 年 12 月陕西省煤炭生产安全监督管理局复核矿井生产能力 3.0 Mt/a,2015 年再次核定矿井生产能力为 5.0 Mt/a。以 2014 年底保有地质储量 38 865.6 万 t 计,矿井剩余服务年限 30.2 a。亭南煤矿的建设符合国家产业、节能及能源政策要求。

(2)亭南煤矿水源主要为自身矿井涌水及地下水源井。合理性分析后,亭南煤矿正常取水量 2 702 万 m^3/a(矿井水 2 671.8 万 m^3/a、自来水 30.2 万 m^3/a);最大取水量 3 570.1 万 m^3/a(矿井水 3 539.9 万 m^3/a、自来水 30.2 万 m^3/a)。

全年总用水量为 206.0 万 m^3/a(地下水 30.2 万 m^3/a、矿井涌水 149.1 万 m^3/a、矿井水处理损失 26.7 万 m^3/a)。其中,生活取水量 37.7 万 m^3/a(地下水 30.2 万 m^3/a、矿井涌水 7.5 万 m^3/a),生产取水量 168.3 万 m^3/a(全部为矿井涌水)。

(3)合理分析后,亭南煤矿原煤生产水耗为 0.095 m^3/t,选煤生产水耗为 0.089 m^3/t,综合用水水平达到《清洁生产标准 煤炭采选业》(HJ 446—2008)一级标准,属国内清洁生产先进水平。

(4)亭南煤矿矿井涌水做到最大化回用。经分析,亭南煤矿正常工况下有 2 496.0 万 m^3/a 处理达标后的矿井涌水外排入河,最大矿井涌水工况下有 3 355.4 万 m^3/a 处理达标后的矿井涌水外排入河。外排入河最大水量为采暖期检修期 71 621 m^3/d,其次为非采暖期检修期 71 129 m^3/d。

10.1.2 取水方案及水源可靠性

10.1.2.1 取水方案合理性

根据用水合理性分析,亭南煤矿水源为自身矿井涌水和地下水源井。按照“分质处理、分质回用”,最大化回用矿井涌水的原则,处理达标后的矿井涌水供生产及办公楼、宿舍楼冲厕。

研究认为,亭南煤矿现有水源方案符合《水利部关于非常规水源纳入水资源统一配置的指导意见》(水资源〔2017〕274 号)的有关要求,水源方案是合理的。

10.1.2.2 矿井涌水取水可靠性分析

(1)亭南煤矿使用自身矿井涌水作为供水水源,符合国家产业政策要求,有利于水资源利用效率的提高,对于缓解当地水资源矛盾和促进经济发展具有重要意义。从经济技术角度来看,矿井涌水再生利用技术成熟,目前在国内已得到广泛使用,回用自身矿井涌水在经济技术上是可行的。

(2)研究分别采用相关因素分析法、大井法和富水系数法对亭南煤矿的矿井涌水量进行了预测,选取了偏安全的相关因素分析法预测结果作为亭南煤矿的矿井涌水正常可供水量,水量较为可靠且大于自身需回用的矿井涌水量,能够满足煤矿用水需求。

(3)亭南煤矿所采用的矿井涌水处理工艺成熟可靠,矿井涌水经处理后,可以满足各生产装置用水水质要求。

10.1.2.3 地下水取水可靠性分析

亭南煤矿地下水取水量为 828 m^3/d,开采 7$^\#$井即可满足用水需求,按照此用水量计算的最大水位降深仅为 48.75 m,占含水层厚度 182.4 m 的 26.7%。经前分析,7$^\#$井单井地下水天然补给量为 2 109 m^3/d,地下水最大需水量为 828 m^3/d,远小于单井天然补给量,可见按照 828 m^3/d 取水后造成地下水的水位降幅和影响半径均很小,取水保证程度很高;亭南煤矿采用预处理和反渗透深度处理工艺对地下水进行净化处理后,出水水质完全满足《生活饮用水卫生标准》(GB 5749—2006)的要求。亭南煤矿利用现有 7[#]井开采地下水,从水量水质上均是可靠的。

10.1.3　退水方案及可行性

(1)按照"分质处理、分质回用",最大化回用矿井涌水的原则,亭南煤矿生活污水经污水管道收集送至亭口镇污水处理厂;选煤厂洗煤产生的煤泥水采用浓缩机和加压过滤机处理后内部循环使用不外排;亭南煤矿矿井涌水及井下生产析出水经处理后,一部分回用于自身生产,一部分经处理达标后排入黑河。

(2)黑河长武工业、农业用水区(亭口水库至黑河入泾河口河段)现状入河量虽超出水功能区纳污能力,但亭南煤矿处于亭口水库下游,亭口水库下闸蓄水导致下游河道径流改变,根据陕西咸阳亭口水库水资源论证批复及亭口水库环评要求,亭口水库下泄流量应不小于 0.77 m^3/s,以满足下游河道最小生态基流的要求,因此亭口水库运行后黑河入泾河平均流量由原来的 8.28 m^3/s 减小为 0.77 m^3/s,而经合理性分析后正常工况下亭南煤矿处理达标入河水量约为 0.8 m^3/s,在此情况下探讨河流水功能区纳污能力及水体自净能力是无意义的。

陕西省第十三届人民代表大会常务委员会第十三次会议修订通过了《陕西省煤炭石油天然气开发生态环境保护条例》,其中第二十六条对煤炭开采矿井水外排进行了规定,要求:"未经处理的矿井水不得外排,确需外排的,应当依法设置排污口,主要水污染物应当达到水功能区划要求的地表水环境质量标准。"亭南煤矿矿井水经处理回用后,多余矿井水经矿井水处理站处理后达到或优于《地表水环境质量标准》(GB 3838—2002)Ⅲ类水质标准排放,符合黑河长武工业、农业用水区水质目标;根据亭南煤矿入河废水对下游水质影响分析,亭南煤矿矿井水经处理达到或优于《地表水环境质量标准》(GB 3838—2002)Ⅲ类水质后入河对黑河下游及泾河彬县工业、农业用水区的水质有一定稀释和改善作用。因此,认为亭南煤矿多余矿井水经矿井水处理站处理后达到或优于《地表水环境质量标准》(GB 3838—2002)Ⅲ类水质标准排放入河符合目前的环境保护要求。

(3)按《地表水环境质量标准》(GB 3838—2002)Ⅲ类水质标准中COD和氨氮标准值上限计,正常工况下经处理达标后污水入河量2 496万m^3/a、COD入河量499.2 t/a、氨氮入河量24.96 t/a;最大矿井涌水工况下,亭南煤矿处理达标后污水最大入河量3 355.4万m^3/a、COD最大入河量671.08 t/a、氨氮最大入河量33.55 t/a。

10.1.4 取水和退水影响补救与补偿措施

10.1.4.1 取水影响及补救与补偿措施

(1)亭南煤矿通过建设矿井涌水处理站,将自身的矿井涌水最大限度地再生利用于生产和生活,多余矿井涌水经处理后满足《地表水环境质量标准》(GB 3838—2002)Ⅲ类水质标准后排入黑河,一方面节约了新水资源,提高了水资源的利用效率,同时避免了矿井涌水中污染物对区域水环境的影响,对区域水资源的优化配置有积极的作用。

(2)煤矿开采对第四系冲洪积层孔隙潜水含水层、第四系黄土孔隙-裂隙潜水含水层、新近系砂卵砾含水层段基本无较大影响,对洛河组含水层、白垩系宜君组砾岩孔隙-裂隙承压含水层、侏罗系直罗组、延安组含水层水将得到疏排,采矿活动对其影响较大。

(3)亭南煤矿涉及搬迁村庄及居民由企业出资,政府统一安置。目前,亭南煤矿对于一盘区塌陷区、5年塌陷区加强岩移观测工作,同时坚持地面巡视工作,及时对采矿活动带来的地表次生灾害进行监测监控,根据巡视结果,目前地面受采煤塌陷影响较小。

(4)亭南煤矿按照828 m^3/d开采7#井即可满足用水需求,取水后造成地下水的水位降幅和影响半径均很小,取水保证程度很高,周边亦无其他取水户,取用地下水影响轻微。

10.1.4.2 退水影响及补救与补偿措施

亭南煤矿矿井涌水经处理后达到《地表水环境质量标准》(GB 3838—2002)Ⅲ类水质标准后入河排污,不会对泾河彬县工业农业用水区水功能区水质目标的实现造成显著影响,对河段水生态和其他第三方影响轻微。

建议亭南煤矿在运行过程中,对照水资源保护措施章节所提相关补救措施进行逐项落实,确保矿井涌水最大化回用和矿井涌水的达标排放。

10.2 建　议

建议当地政府有关部门对彬长矿区供水、用水和排水进行整体规划,进一步优化当地泾河、黑河(亭口水库)、地下水、煤矿疏干水、生活污水等水资源配置,充分利用中水水源。

参考文献

[1] 刘国彬,王卫乐,等. 基坑工程手册[M].2 版. 北京:中国建筑工业出版社,2009.

[2] 中华人民共和国国家质量监督检验检疫总局,中国国家标准化管理委员会. 建设项目水资源论证导则:GB/T 35580—2017[S]. 北京:中国标准出版社,2017.

[3] 中华人民共和国水利部. 采矿业建设项目水资源论证导则:SL 747—2016[S]. 北京:中国水利电力出版社,2017.

[4] 张楠,李皓冰,杜凯,等. 矿井涌水量预测方法适用性选择研究初探[J]. 工业安全与环保,2021,47(7):103-106.

[5] 任辉,朱士飞,王行军,等. 煤系矿井水资源开发利用问题与对策研究[J]. 中国煤炭地质,2020,32(9):9-20.

[6] 郭欣伟,董国涛,殷会娟. 煤矿开采项目水资源论证中取水影响论证方法研究[J]. 中国水利,2018(7):18-20.

[7] 李莹,景兆凯,师永霞,等. 矿井疏干项目水资源论证要点[J]. 河南水利与南水北调,2016(7):52-53.

[8] 王俊,郭贺洁,肖俊. 关于水资源论证中矿井涌水量预测问题探讨[J]. 中国农村水利水电,2011(2):30-33.